芹菜优质高产栽培

（第 2 版）

主　编

宋元林

副主编

李美奎　杨忠清

编著者

张　锋　钱　彬　宋振宇

宋海瀚　袁小舟　张淑珍

U0249738

金盾出版社

内 容 提 要

本书由山东省农业科学院蔬菜研究所宋元林研究员等专家编著和修订。本书自1999年4月出版以来,受到广大读者的欢迎。根据近年来芹菜栽培科学技术的发展和生产实践的需要,编著者在对该书的修订中,补充了美国加州皇芹菜等新引进西芹品种的介绍,增加了芹菜软化栽培技术,以及越冬栽培、春季栽培与秋季栽培技术日历等内容,并对安全防治芹菜病虫害的农药选择与使用作了认真的核正。全书内容包括芹菜生产的基本知识,11种栽培技术,芹菜的采种技术,芹菜生产中常用植物生长调节剂的使用和常见问题的解决措施,芹菜病虫防治以及芹菜贮藏与运输等知识与技术。内容翔实系统,语言通俗易懂,技术先进实用,可操作性强。适合广大菜农、蔬菜科技工作者、农业院校有关专业师生阅读使用。

图书在版编目(CIP)数据

芹菜优质高产栽培/宋元林主编. —2版. —北京:金盾出版社,2009.8(2019.3重印)

ISBN 978-7-5082-5830-0

Ⅰ.①芹… Ⅱ.①宋… Ⅲ.①芹菜—蔬菜园艺 Ⅳ.①
S636.3

中国版本图书馆 CIP 数据核字(2009)第 110969 号

金盾出版社出版、总发行
北京太平路 5 号(地铁万寿路站往南)
邮政编码:100036 电话:68214039 83219215
传真:68276683 网址:www.jdcbs.cn
双峰印刷装订有限公司印刷、装订
各地新华书店经销
开本:850×1168 1/32 印张:6.5 字数:161 千字
2019 年 3 月第 2 版第 13 次印刷
印数:97 001~100 000 册 定价:19.00 元
(凡购买金盾出版社的图书,如有缺页、
倒页、脱页者,本社发行部负责调换)

目　　录

目　　录

第一章　芹菜栽培的基本知识

一、概　述

芹菜别名芹、旱芹、药芹菜、野芫荽等,是二年生草本植物,其肥嫩的叶柄可供食用。

芹菜起源于瑞典东部、阿尔及利亚、埃及和埃塞俄比亚的湿润地带,直到小亚细亚、高加索、巴基斯坦和喜马拉雅山地区的沼泽地带。一般认为芹菜起源于地中海地区。上述地区至今仍有野生芹菜分布。2 000多年前,古希腊人开始栽培芹菜,初为药用,后做辛香蔬菜。17世纪末至18世纪,意大利、法国和英国将芹菜进一步改良,驯化成肥大的叶柄类型,并进行软化栽培。芹菜在美国最初为易于软化的黄色品种,近年来,绿色品种迅速增加。在亚洲的日本、朝鲜和印度等国普遍种植芹菜,并且形成了各国自己特有的品种。

我国的芹菜是从高加索传入的,栽培始于汉代,至今已有2 000多年的历史。早在《尔雅释草》中就有"芹、楚葵"的记载;《本草纲目》中也有水芹和旱芹的记述。我国芹菜栽培历史悠久,几乎全国各地的湖沼地都生长野生芹菜,仅水芹就有10种,旱芹、香芹也有9种。

芹菜是世界各国普遍栽培的蔬菜,在我国的栽培更为普遍。它是我国生产量、消费量较大的七大蔬菜之一。在南方,春、秋、冬季均可露地栽培,是冬季主要绿色蔬菜之一。在华北地区,春、夏、秋可露地栽培,冬季可在保护地内越冬,基本上能做到四季生产,周年供应,是冬季主要的绿色蔬菜。在东北、西北的高寒地区,由于芹菜具有耐寒性,也能在夏秋季节种植上市,是这些地区主要的露地蔬菜。芹菜耐寒,便于运输,是我国冬季由南方各地及华北地区运往东北、西北地区的主要蔬菜。这对解决东北、西北高寒地区冬季蔬菜的供应,起着重要作用。

芹菜的适应性很强,既耐寒,又耐热。所以,不仅炎热的华南地区可周年栽培,而且在广大的北方地区,只要冬季稍加保护,也可以安全越冬,并获得丰收。目前,芹菜已成为北方保护地栽培的主要蔬菜之一。由于芹菜保护地栽培所需设施简单,成本低廉,容易管理,而且产量很高,整个植株皆是商品,所以,经济效益十分可观。广大菜农都很乐意种植它,即使是栽培技术不熟练的新菜农,也愿意种植它。

芹菜的营养价值很高。据测定,每100克鲜芹菜叶柄中,含蛋白质2.2克,脂肪0.3克,碳水化合物1.9克;还含有钙160毫克,磷61毫克,铁8.5毫克,胡萝卜素0.11毫克,核黄素0.03毫克,尼克酸0.3毫克,维生素C6毫克。每100克鲜芹菜叶中含蛋白质3.2克,脂肪0.8克,碳水化合物3.8克,以及富含微量元素和维生素。此外,还含有挥发性芳香油,使芹菜具有特殊的清香风味,可明显促进食欲。芹菜的食用方法很多,可炒食、凉拌、汤食和腌渍,还能用于加工,如榨汁做饮料等。芹菜的风味宜人,营养丰富,质嫩芳香,口感清脆,适合食用,是广大人民群众经常食用的大路蔬菜之一。

芹菜的药用保健价值也很高,自古以来就作为一种药用植物进行栽培和利用。芹菜性味甘平凉,有平肝清热,祛风利湿,健胃利血,调经镇静,降低血压,健脑明目之功效,对治疗高血压、血管硬化、神经衰弱、头痛脑涨和小儿软骨症等有益,是一种药与食兼用的蔬菜。因此,大力发展芹菜种植,对提高我国人民的健康水平也有重要的意义。

二、芹菜的特征与特性

（一）形态特征

芹菜是伞形花科、芹属中能形成肥嫩叶柄的二年生植物。第一年茎短缩，处于营养生长期。第二年在低温条件下通过春化阶段，在长日照下开花结籽。

1. 根

芹菜生长于水分、养分充足的潮湿或沼泽地带。因此根系分布较浅，范围也较小。大部分根分布在30～36厘米深的范围内，最深可达1米。芹菜为直根系类型，主根肥大，可贮藏养分，有利于移植。主根被切断后，可大量发生侧根。侧根分布浅而密，一般在15～20厘米深的表土层横向生长，横向分布于直径为30厘米左右的范围内。因此，使芹菜形成了对水分、养分吸收面积小，耐旱、耐涝能力弱的特点。

2. 茎

在营养生长阶段，芹菜茎短缩，叶片着生于短缩茎的基部，叶序为2/5展开。通过春化阶段后，茎端顶芽生长点分化为花芽，短缩茎伸长，成为花茎，又称为花薹。花茎上发生多数分枝，每一分枝上着生小叶片及花苞。营养生长阶段是芹菜的商品形成阶段，因此要通过栽培措施防止花薹的形成。

3. 叶

芹菜叶为二回奇数羽状复叶，由叶柄和小叶组成，每片叶有2～3对小叶。小叶3裂，互生，到顶端小叶变为锯齿状，叶面积较小。叶片深绿色或黄绿色。直立的叶柄发达，狭长，挺立，多有棱线，横切面多为肾形，柄基部变为鞘状。叶柄较长，一般为70～100厘米。全株叶柄重占总商品重的70%～80%，是主要的食用部分。因品种不同,叶柄有实心、空心和半空心三种。颜色有黄绿色、绿色和深绿色等。叶柄上有许多纵向维管束构成条纹,维管束间充满贮藏营养物质的薄壁细胞,形成薄壁组织。包围在维管束韧皮部外侧的是厚壁组织,在叶柄表皮下有发达的厚角组织。维管束、厚角组织和厚壁组织能增强叶柄的强度,使叶柄直立;薄壁组织含有大量养分和水分,使叶柄肥嫩、质脆。在维管束附近的薄壁细胞中分布着油腺,可分泌出挥发油,使芹菜有特殊的香气。在高温、干旱和氮肥不足等条件下,易造成维管束、厚壁组织和厚角组织发达而纤维增多,使食用品质下降。

芹菜叶的分化速度较慢。发芽后的 15 天仅有 2～3 片叶,其后速度稍有增加。发芽后的 120～150 天左右分化最盛。此期每 15 天可分化 6～8 片叶,平均每 2 天分化 1 片叶。以后分化速度渐低。每片叶分化时,先从叶尖分化,顺次基部分化,并开始生长。因此,上端停止生长早,基部仍不断伸长。越是基部伸长得越多。这种生长方式称为"向基生长"。所以芹菜的叶上端易老化而基部一直处于幼嫩状态。

4. 花

芹菜的花为复伞形花序。花小,白色,离瓣由 5 个萼片、5 个花瓣、5 个雄蕊及两个结合在一起的雌蕊组成。有蜜腺,为虫媒花,通常为异花授粉,但也能自花授粉结实。

5. 果 实

芹菜果实为双悬果。生产上用的种子,实际上是果实,果实成熟时沿中缝裂开,形成两个扁球形果,各含 1 粒种子,合之成复果。复果有 3

图 1-1 芹菜果实

个心皮,果实很小(图 1-1)。种子更小,悬于心皮柄上。果皮黑褐色,每一单果有白色果棱。果棱基部种皮下面都排列着油腺。果实横断面为多角形,外皮革质,透水性差。因此,对种子催芽时应加以搓洗,并延长浸种时间,才能加速出芽。复果千粒重 0.47 克左右,种子发芽力能保持 7～8 年,使用年限为 2～3 年。

（二）生育周期

芹菜的生育周期包括营养生长和生殖生长两大阶段。营养生长阶段包括以下几个生长期:

1. 发芽期

从芹菜种子萌动到子叶展平,第一片真叶出现,需 7～10 天,此期为发芽期。由于芹菜种子细小,顶土能力弱,出苗慢,因此需要严格的温度和湿度条件。

2. 幼苗期

从芹菜第一片真叶展开到长出 4～5 片真叶,为幼苗期。幼苗期结束时,苗高 4～5 厘米,需 45 天左右。芹菜幼苗弱小,同化能力弱,生长缓慢。不良的外界条件极易引起死苗。因此,应加强田间管理。

3. 植株缓慢生长期

又叫叶丛生长初期。从 4～5 片真叶到 8～9 片真叶为缓慢生长期,需 30～40 天。此期植株大量分化新叶和发生新根,短缩茎增粗,叶色加深,但植株生长缓慢。此期由于植株较小,受光面积大,新叶呈倾斜状态生长。后期由于叶面积增大,群体密度加大,外叶受光照的影响,逐渐由倾斜生长转向直立,称为"立心期"。立心期是芹菜由外叶生长期转入心叶肥大期的临界标志。

4. 植株旺盛生长期

又叫叶丛生长盛期。叶丛由 8～9 叶增至 11～12 叶。此期形成的产品,叶片大部分展开并充分长大。叶柄迅速肥大增长,生长量约占总生长量的 70%～80%。需 30～60 天。

5. 休眠期

采种株在低温条件下越冬,被迫休眠。芹菜在适宜的生长条件下,从播种到成熟收获,需 110～130 天,西芹需 150～180 天,共长成 12～15 片叶。在不同季节、不同茬次和不同栽培方式下,芹菜生长期各有差异。

芹菜通过休眠期的采种株进入生殖生长期。生殖生长期包括以下几个时期:

(1)花芽分化期 当芹菜的生长点经受一定时间的低温感应后,叶的分化停止,生长点分化成花芽。一般在 5℃～10℃ 的低温条件下,经过 10 天以上的时间,即可通过春化阶段。花芽分化后,在高温、长日照条件下,即可抽薹开花。

(2)抽薹期 通过花芽分化期的芹菜植株,在气温逐渐升高,日照时间逐渐加长的春季,花薹渐渐抽出,至第一朵花开放前为抽薹期。

(3)开花结果期 芹菜种株从第一穗花开放至全株采种收获,为开花结果期。芹菜种株分枝较多,开花与种子成熟期前后相距时间很长,一般需 2 个多月。

(三)对环境条件的要求

1. 温 度

芹菜是耐寒性蔬菜,在绿叶蔬菜中,其耐寒性仅次于菠菜。种子发芽最低温度为 4℃,适宜的发芽温度为 15℃～20℃,25℃ 以上时发芽力迅速下降,30℃ 以上时几乎不发芽。在 4℃ 以上时发芽需 20 天,15℃～20℃ 时需 10 天。

芹菜生长发育适宜的温度为 15℃～20℃,10℃ 左右时生长缓慢,3℃ 左右就停止生长。在 6℃～7℃ 时也能正常生长发育,0℃ 以下则受冻害。幼苗期可耐 −4℃～−5℃ 的低温。成株期可耐 −7℃～−10℃ 的低温。高温对芹菜生长不利,22℃ 以上时生长不良,品质下降,易发生病害。30℃以上时则叶片黄化,生长停滞。

芹菜生长发育需要一定的昼夜温差。白天温度适宜,有利于同化作用进行;夜间温度适当低些,则有利于养分积累。夜温太高,则消耗的养分太多,易发生徒长,甚至脱叶,会严重影响产量。昼夜温差以5℃以上为宜。

芹菜的春化阶段需在幼苗长到3～4片叶后,在10℃以下的温度,经10～15天后才能完成。3～4片叶的芹菜苗龄期为30天左右。茎粗0.5厘米左右,幼苗大于0.5厘米,在5℃～10℃的低温下,即可通过春化阶段。苗越大,通过春化阶段越迅速。在15℃以上时,芹菜不能通过春化阶段。萌动的芹菜种子,也不能通过春化阶段。芹菜在越冬栽培或春早熟栽培中,育苗后期和定植后,一定要避免低温,防止先期抽薹现象的发生。

2. 光　照

芹菜是长日照作物。长日照有利于发育,促进抽薹开花。日照时间和光照强度对芹菜营养生长阶段的形态发育有较大影响。日照时间加长,则植株表现直立性;短日照条件下,植株呈开张性。日照时间长时,株高有增加的趋势;日照缩短,会推迟"立心期"。适宜的日照时间为8～12小时。日照时间过长或过短,均对营养生长不利。

在营养生长期,芹菜不耐强光,适宜中等强度的光照。芹菜的光补偿点为2 000勒,饱和点为45 000勒,适宜光强范围为10 000～40 000勒。光照强度太大,则叶片向外扩张,延迟"立心期",使成熟期推迟。在叶丛生长旺盛时期,适当遮荫,降低光照强度,有利于心叶肥大,提高产量。此期如给予高温、强光照,易使芹菜叶柄老化,纤维增多,品质降低。

芹菜种子发芽时,给予适当的散射光,有利于促进发芽。

3. 水　分

芹菜属于消耗水分很多的蔬菜。由于栽植密度大,蒸腾面积大,加上根系浅,吸收能力弱,组织柔嫩,所以,要求土壤湿度和空气湿度较高。

芹菜发芽期要有较高的水分。土壤绝对含水量在10%以下时,芹菜种子不能发芽。而完全浸在水中的种子,发芽率仍高达88%。其适宜的发芽湿度是土壤保持湿润状态。

在营养生长盛期,植株需水量很大。如土壤缺水,不仅影响生长,降低产量,而且使叶柄老化,纤维增加,品质变劣。适宜的土壤相对湿度是80%～90%、绝对湿度为45%左右(壤土)。

4. 土 壤

芹菜是浅根系作物,吸肥力较弱,产量又很高,所以要求用有机质丰富、保水保肥力强的壤土或粘壤土栽培。砂壤土易漏水、漏肥,所栽芹菜生长不良,还易出现叶柄空心现象。

芹菜对土壤酸碱度的适应范围为 pH6.0～7.6,微酸、微碱性的土壤均适宜栽培,耐碱性较强。

芹菜需要完全肥料,生育期必须充分供应氮、磷、钾及微量元素肥料。在生育初期和后期,对氮肥的需求量最敏感。对氮、磷、钾的吸收比例是:本芹为 3∶1∶4;西芹为 4.7∶1∶1。每生产1 000千克本芹,应吸收氮 4 千克,磷 1.4 千克,钾 6 千克。每公顷西芹从土壤中吸收氮 330 千克,磷 80 千克,钾 70 千克。芹菜苗期和后期需氮肥较多,初期需磷肥最多,后期需钾肥较多。在整个生长期中,氮肥始终占主要地位,充足的氮肥是使芹菜生长良好、丰产的基础。氮肥缺乏,不仅植株矮小,产量降低,而且易发生叶柄空心、老化,降低品质。适宜的土壤含氮浓度为 200 毫克/千克。当氮浓度超过 400 毫克/千克时,生育明显不好,叶片变长,叶节间长度变短,叶柄宽,易倒伏,立心期延迟,收获期晚。土壤缺磷时幼苗瘦弱,叶柄不易伸长。但磷肥过多易影响生长发育,表现为叶片易伸长,呈细长状态,叶片重量变轻,维管束增粗,纤维增多,品质下降。适宜的土壤含磷量为 150 毫克/千克。钾肥可促进养分的运输,抑制叶柄无限度的伸长,促使叶柄粗壮、组织充实且光泽好,有改善品质,减少纤维的作用。生长前期适宜的土壤钾浓度为 80毫克/千克,后期为 120 毫克/千克。

　　芹菜对微量元素的需求量也很敏感。在土壤干燥,氮、钾肥过多,钙不足或过多的情况下,植株表现为缺硼。缺硼的芹菜叶柄上易发生褐色裂纹,下部则有劈裂、横裂、株裂等现象,或发生心腐病,使生长发育明显受阻。当土壤缺钙,或氮、钾肥过多,阻碍了钙的吸收时,芹菜植株缺钙;当高温、干旱,或地温过低时,根系吸钙受阻,植株也表现缺钙。钙的不足会发生心腐病而使芹菜停止发育。因此,生产中应注意增施微量元素肥。

　　5. 气　体

　　芹菜种子在发芽过程中需要较多的氧气,氧气浓度不到10％,则发芽不好。根系生长发育也需要充足的氧气。这是芹菜根系分布较浅的主要原因之一。因此,栽培中应保持土壤疏松透气,方能促进根系生长发育。

　　空气中二氧化碳的含量为 0.03％。在这一浓度条件下,芹菜能正常进行光合作用及生长发育。但在越冬保护地栽培中,为了保持保护设施中的温度条件,经常密闭的塑料薄膜,阻止了空气的交换流通,常常使保护设施中的二氧化碳浓度随光合作用的消耗而下降,以致浓度降到 0.02％以下,就不能满足芹菜的需要,直接影响产量。为此,在保护地栽培中,应注意增施二氧化碳。

三、芹菜的类型和品种

　　目前,我国普遍栽培的芹菜是芹菜属种类。芹菜属中,根据叶柄的形态,可分为中国芹菜和西芹两种类型。中国芹菜又名本芹。叶柄细长,机体组织发达,高 100 厘米左右。它在我国栽培历史悠久,种植范围广,经过长期不断的栽培驯化,各地形成了很多适合当地条件的优良品种。

中国芹菜依叶柄颜色的不同,又可分为青芹和白芹。青芹植株较高大,叶片大,绿色,叶柄较粗,横径为 1.5 厘米左右,味浓,产量高,不易软化栽培,但软化后品质较好。白芹植株较矮小,叶片小,淡绿色,叶柄较细,横径 1.2 厘米左右,黄白色或白色,香味浓,品质好,易软化栽培。

青芹依叶柄髓腔的大小,又分为实秸和空秸两种。实秸芹菜又名实心芹菜。叶柄髓腔很小,腹沟窄而深,品质较好,春季不易抽薹,产量高,耐贮藏。适于秋季或越冬保护栽培。空秸芹菜又名空心芹菜。叶柄髓腔较大,腹沟宽而浅,质地较粗,品质较差,春季易抽薹,但抗热性强,适于夏季栽培。

西芹又名洋芹、欧洲芹菜。是近代从国外引进的品种,属欧洲类型。植株高 60~80 厘米,叶柄肥厚而宽扁,宽达 2.4~3.3 厘米,多为实心,味淡,脆嫩,纤维少,不如中国芹菜耐热。单株重 1~2 千克。西芹有青柄和黄柄两个类型。

目前我国常用的芹菜栽培品种,有以下几种类型:

(一)实秸品种周年栽培类型

该类型的品种均为实心,适于春、夏、秋季栽培及越冬栽培。

1. 天津白庙芹菜

天津市郊区农家品种,我国北方地区栽培较普遍。植株高大,在 70 厘米以上。叶柄长而肥厚,宽约 4.5 厘米,厚约 0.8 厘米。实心,纤维少,叶片黄绿,品质好,风味浓。单株重 200 克。春季栽培不易抽薹。可周年栽培。每 667 平方米(1 亩)产芹菜 5 000 千克左右。

2. 潍坊青苗实心芹菜

山东省潍坊市地方品种。株高 80~100 厘米。叶片深绿色,有光泽。叶柄细长,最大叶柄长 70 厘米,宽 1 厘米,厚 0.5 厘米。

叶柄绿色，有实秸和半实秸品种，纤维少，品质好。生长期为90～100天。耐低温，冬性强，不易抽薹。适于春早熟、秋延迟及越冬栽培。每667平方米产芹菜5 000千克左右。

3. 天津黄苗芹菜

天津市郊区地方品种。植株生长势强。叶柄长而肥厚，叶色黄绿或绿，实秸或半实秸。单株重500～600克。纤维少，品质好。耐热，耐寒，耐贮藏，冬性强，不易抽薹，可四季栽培。每667平方米产芹菜5 000千克以上。

4. 桓台实心芹菜

山东省桓台县地方品种。植株生长势强，株高90厘米左右。最大叶柄长70厘米，宽约1.1厘米，厚约0.5厘米。叶柄实心，叶色深绿，单株重500克以上。质地脆嫩，品质好。较耐寒，冬性强，不易抽薹，生育期为100～120天。适于四季栽培。每667平方米产芹菜5 000～7 000千克。

5. 玻 璃 脆

河南省开封市从西芹与实秸青芹自然杂交后代中选育出的品种。植株生长势强，株高70～80厘米。叶绿色，叶柄黄绿色，最大叶柄长60厘米，宽2.4厘米，厚0.95厘米。秆粗，实心，纤维少，质脆，品质佳。不易老，色如碧玉，透明发亮，故名。该品种耐热、耐寒、耐运输贮藏，适应性强。适于四季栽培，特别适宜越冬保护地栽培。单株重0.5千克，每667平方米产芹菜5 000～7 500千克。

6. 辽宁实心芹菜

辽宁省大连市地方品种。株高65厘米。最大叶柄长40厘米，宽约1厘米，厚0.5厘米。叶片绿色，柄实心，纤维少，单株重500克左右，生长期为100天。可周年栽培。

7. 津南实芹1号

天津市南郊区双港乡农科站从当地白庙芹菜中选育的新品

种。生长势强,株高 80～100 厘米,生长速度快。叶柄实心,较长,黄绿色,叶宽而厚,基部白绿色,粗纤维少,质地脆嫩,味香,口感好,品质优良。单株重 0.25～1.5 千克。该品种耐低温,抗寒,抗盐碱,早熟,分枝少,抽薹晚,产量高。适于四季栽培,尤宜越冬保护地栽培。每 667 平方米产量达 10 000 千克。

8. 春丰芹菜

北京市农科院蔬菜研究所培育的品种。植株直立,生长势强,株高 70～80 厘米。叶柄实心,叶柄长,浅绿色,较粗,质脆嫩。叶片绿色。该品种耐寒性强,适应性强,生长速度快,定植后 70～75 天成熟。不易抽薹,纤维少,品质好。由于不耐热,不耐涝,适于春季和越冬保护地栽培。每 667 平方米产芹菜 3 500～5 000 千克。

(二)实秸品种春季栽培类型

该类型的芹菜品种均为实心,适于春季栽培。

1. 铁秆芹菜

河北省保定、张家口等地的地方品种。植株高大。叶色浓绿,叶柄实心。纤维少,品质好。单株重达 1 千克以上。该品种抽薹晚,耐贮藏,适于春季栽培,也可秋季栽培。

2. 甘肃实秆芹

甘肃省兰州市地方品种。株高 85 厘米。最大叶柄长 40 厘米,厚约 0.6 厘米。叶柄绿色,实心,纤维含量中等,叶片浅绿色。单株重约 85 克。生育期 95 天左右。适于春季栽培。

3. 绿秆实心芹

新疆石河子市地方品种。株高约 87 厘米。最大叶柄长 68 厘米,宽 1.8 厘米,厚 0.6 厘米。叶柄绿色、实心,纤维少。叶片绿色。单株重 350 克左右。风味较好。生育期为 90 天左右。适于春季栽培。

（三）实秸品种夏季栽培类型

该类型品种均为实心,适于夏季栽培。

1. 石家庄实心芹菜

河北省石家庄市地方品种。植株高大,株高达 90 厘米。最大叶柄长 55 厘米,宽 1.5 厘米,厚 1 厘米。叶柄绿色,实心,纤维含量中等。叶片浅绿色,风味浓。单株重 300 克左右。生育期为120 天。耐热,适于越夏栽培。

2. 封丘实梗青芹菜

河南省封丘县地方品种。株高约 61 厘米。最大叶柄长 34 厘米,宽 0.7 厘米,厚 0.6 厘米。叶柄绿色,实心,纤维较多。叶片绿色。单株重约 280 克。该品种抗病性强。生育期为 150 天。适于越夏栽培。

3. 呼市实秆芹菜

内蒙古呼和浩特市地方品种。植株矮小,株高约 48 厘米。最大叶柄长 31 厘米,宽 0.9 厘米,厚 0.8 厘米。叶柄绿色,实心,纤维含量少。叶片浅绿色,风味较浓。单株重 62 克。生长期为 135天。适于夏季栽培。

4. 长治芹菜

山西省长治市地方品种。植株高 75 厘米。叶柄短粗,肥厚,最大叶柄长 42 厘米,宽 1.4 厘米,厚 1.7 厘米,绿色实心,含纤维少,风味浓,品质优良。叶片浅绿色。单株重 325 克。适于夏季栽培。

（四）实秸品种秋季栽培类型

该类型品种为实心,适于秋季栽培。

1. 实秆绿芹

陕西省、河南省栽培较普遍。株高 80 厘米。最大叶柄长 50

厘米,直径约 1 厘米,实心。叶柄及叶片均为深绿色,背面棱线细,腹沟较深。纤维含量少,品质好。生长快,产量高。耐寒,耐贮藏。适于秋季栽培。

2. 济南青苗芹菜

山东省济南市地方品种。植株生长健壮,株高 95 厘米左右。最大叶柄长 70 厘米,宽 1 厘米,厚 0.5 厘米。叶柄深绿色,实心,含纤维少,品质较好。叶片绿色,较大,风味浓。单株重约 250 克。生育期 105 天左右。适于秋季栽培。

3. 郑州实秆青芹菜

河南省郑州市地方品种。植株高大,株高 80 厘米以上。最大叶柄长 30 厘米,宽 0.8 厘米,厚 2.1 厘米。叶柄绿色,实心,纤维较多。叶片浅绿色。单株重约 65 克。生育期为 150 天。适于夏、秋季栽培。

(五)空心品种周年栽培类型

该类型芹菜品种均为空心,适于四季栽培。

1. 新泰芹菜

山东省新泰市地方品种。植株生长势中等。株高 90～100 厘米。最大叶柄长 60 厘米,宽 1.2 厘米,厚 0.5 厘米。叶柄淡绿色,空心,纤维少,品质好。叶片绿色。单株重 500 克。生长期为90～100 天。该种抗寒,耐热,可四季栽培。每 667 平方米产芹菜5 000千克左右。

2. 平度改良大叶黄空心芹菜

山东省平度市选育而成的地方品种。生长势强。株高 100～120 厘米。最大叶柄长 70 厘米,宽 1.0～1.2 厘米,厚 0.4 厘米。叶柄淡绿色,空心,纤维少,质地脆嫩。叶大,叶片薄而平展,黄色有光泽。根小而白。单株重 500 克。生长期为 90～100 天。每667 平方米产芹菜5 000千克左右。可周年栽培。

3. 青梗蒲芹

江苏省南京市地方品种。生长势中等。植株高 60 厘米。叶柄较短而细,最大叶柄长 35 厘米,宽 0.9 厘米,厚 0.7 厘米。柄绿色,空心。叶片浅绿色,风味浓。单株重 165 克左右。较耐低温与高温多湿。生长期为 95 天左右,可周年栽培。

4. 空心芹菜

辽宁省大连市地方品种。生长势强。株高 72 厘米左右。叶柄细长,最大叶柄长 50 厘米,宽 1.2 厘米,厚 0.8 厘米,绿色,空心,纤维少,风味浓,品质好。单株重 450 克左右。生育期为 95 天左右。耐寒,耐热,耐贮藏。适于周年栽培。

(六)空心品种春季栽培类型

该类型均为空心芹菜品种,适于春季栽培。

1. 济南黄苗芹菜

山东省济南市地方品种。生长势强。株高 95 厘米左右。最大叶柄长 65 厘米,宽 1.2 厘米,厚 0.5 厘米。叶柄黄绿色,半空心,纤维含量少,风味浓,品质好。叶片浅绿色。单株重 200 克左右。生长期为 95 天左右。适于春季栽培。

2. 空心绿秆芹菜

陕西省宁强县地方品种。株型较矮,株高 45 厘米左右。叶柄细小,最大叶柄长 25 厘米,宽 0.6 厘米,厚 0.2 厘米。叶柄绿色,空心,纤维少,品质优良。叶片浅绿色,风味浓。单株重约 50 克。生育期为 80 天。适于春季栽培。

(七)空心品种夏季栽培类型

该类型芹菜品种为空心,适于夏季栽培。

1. 早青芹菜

又名黄心芹菜。分布在上海、南京等地。株型较矮,株高33～

43 厘米。叶柄粗短,最大叶柄长 23 厘米左右,宽 1 厘米,厚 0.5 厘米,呈浅绿色,空心,纤维较多,品质较差。展开叶绿色,心叶黄色。该种不耐寒,不耐热,早熟。适于夏季栽培。

2. 广州白梗芹菜

广州市地方品种。生长势强,株高 57 厘米。叶柄较长,最大叶柄长 37 厘米,宽 1.1 厘米,厚 0.6 厘米。叶柄空心,绿色,纤维中等。叶片浅绿色,风味浓。单株重 250 克左右。生长期为 120 天。适于夏季栽培。

3. 永城空心芹菜

河南省永城县地方品种。植株长势中等,株高 53 厘米左右。叶柄粗壮,最大叶柄长 33 厘米,宽 0.7 厘米,厚 2.1 厘米,呈绿色,空心,纤维少,品质优良。叶片浅绿色,单株重 62 克左右。生育期为 190 天。适于夏季栽培。

4. 双城空心芹菜

黑龙江省双城市地方品种。植株高大,株高 90 厘米左右。最大叶柄长 70 厘米,直径 1.8 厘米,绿色,空心,纤维少,品质好。叶片绿色,风味浓。单株重约 118 克。生长期为 105 天。适于夏季栽培。

(八)空心品种秋季栽培类型

该类型芹菜品种均为空心,适于秋季栽培。

1. 小花叶芹菜

河南省柘城县及商丘等地栽培较多。株高 80~90 厘米。叶柄绿色,中空。叶片浓绿色,较小。根小,生长快。单株重 400 克左右。初采收时品质欠佳,经贮藏后,质地细嫩,品质变佳。一般每 667 平方米产芹菜 4 000 千克左右。

2. 岚山芹菜

山东省日照市岚山镇著名特产。目前从该品种中又选出了大叶岚芹,种性更加优良。植株高大,株高90厘米以上。叶子多而肥嫩,叶柄基部为黄白色,由基部向上,渐变为黄绿色,具光泽。可食叶柄长达72厘米,清脆,香甜,无异味,渣少。该种叶柄中空,生长迅速,耐贫瘠,耐寒,适应性强,抗病,较抗倒伏。适于秋季栽培。一般每667平方米产芹菜5 000～7 500千克。

3. 晚青芹菜

又名黄慢心。分布在上海、南京和杭州等地。植株较高,达66厘米。叶柄浅绿色,长而粗,宽1.8厘米,厚0.6厘米,纤维少,品质好。叶片绿色,风味浓。单株重500克左右。该品种较耐寒,抽薹晚,产量高,是晚熟品种。适于秋冬季栽培。

4. 四川白秆芹菜

四川省自贡市地方品种。生长势中等。株高50～70厘米。最大叶柄长35～48厘米,宽1厘米左右,厚0.2～0.4厘米,呈浅绿色或绿色,中空,纤维少,品质好。叶片白色,风味浓。单株重100～110克。生育期为80～120天。适于秋季栽培。

5. 福州白梗芹菜

福建省福州市地方品种。植株较小,株高61厘米左右。叶柄细长,最大叶柄长51厘米左右,宽0.4厘米,厚0.3厘米,呈黄绿色,空心,含纤维较多。叶片黄白色,味道较浓。单株重约40克。生育期为100天左右。适于秋季栽培,也可越冬栽培。

6. 乳白梗芹菜

湖南省长沙市地方品种。植株矮小,株高36厘米左右。叶柄粗短,最大叶柄长21厘米,宽1厘米,厚0.5厘米,呈浅绿色,空心,纤维少,品质较好。叶片浅绿色,风味浓。单株重约60克。该种极早熟,生长期为40天。适于秋季栽培,也可作春季栽培。

7. 汉中空秆芹菜

陕西省汉中市地方品种。植株细长,株高75厘米左右,最大叶柄长45厘米,宽0.8厘米,厚0.2厘米,呈绿色,空心,含纤维少,品质较好。叶片浅绿色,风味浓。单株重约 32 克。生长期为 160 天。适于秋季栽培。

8. 黄心芹菜

浙江省仙居县地方品种。植株高大,生长势强,株高 120 厘米左右。最大叶柄长 105 厘米,宽 0.8 厘米,厚 0.5 厘米,呈浅绿色,空心,纤维少。叶片浅绿色,风味浓厚。单株重约 325 克。生长期为 65 天。适于秋季栽培。

9. 新云芹菜

广西柳州市地方品种。植株高 75 厘米左右。叶柄宽厚,最大叶柄长 80 厘米,宽 2～3 厘米,厚 1.5 厘米,呈绿色,空心,含纤维少,风味浓,品质优良。叶片绿色。单株重约 175 克。生长期 135 天。适于秋季栽培,也可越冬栽培。

(九)空心品种越冬栽培类型

该类型芹菜品种均为空心,适于越冬栽培。

1. 江苏药白芹菜

江苏省各地栽培品种。高 61 厘米左右。叶柄最大的长 54 厘米,宽 0.9 厘米,厚 0.7 厘米,呈浅绿色,空心。叶片浅绿色,风味浓。单株重约 185 克。适合越冬栽培。

2. 沙市白秆芹菜

湖北省沙市地方品种。植株较矮,株高 48 厘米。叶柄短粗,最大叶柄长 28 厘米,宽 2 厘米,厚 0.6 厘米,呈浅绿色,空心,纤维多。叶片白色,风味浓。单株重约 61 克。适于越冬栽培。

3. 蒲 芹

江苏省南京市地方品种。株高 62 厘米左右。最大叶柄长 35 厘米,宽 0.8 厘米,厚 0.6 厘米,呈绿色,空心,品质优良。叶片绿色,风味浓厚。单株重约 165 克。生育期为 110 天。适于越冬栽培,也可作秋季栽培。

（十）西　芹

1. 北京细皮白芹菜

又名磁儿白芹菜。由国外引进，经北京市菜农多年培育而成。植株直立，株高 60～80 厘米。叶色绿。叶柄长，白绿色，横径 2.4 厘米，实心，光滑，纤维少，背面棱线细，腹沟浅而窄，柄基稍窄，品质脆嫩，易软化。单株重 200～300 克。该品种较耐寒，喜阴凉，不耐热，不耐涝，不耐贮藏，不抗病。适于保护地越冬栽培或秋露地栽培。一般每 667 平方米产芹菜 3 000～4 500 千克。

2. 北京棒儿春芹菜

由国外引进，经北京市农民多年选择培育而成。又名棒儿芹、铁秆青、实心芹菜。植株矮而粗壮，株高 50～60 厘米。生长势较弱，生长较慢。叶直立抱合似棒状，浅绿色。叶柄基部宽，腹沟浅，实心，组织充实，质脆，纤维稍多，品质中等。该品种较耐热，耐涝，耐藏，抽薹晚。适于春、秋季栽培。

3. 秋实西芹

天津市农业科学院蔬菜研究所从美国引进材料，经多年系统选育而成。植株直立，株高 75 厘米，头型紧密圆柱形。叶鲜绿色，叶柄浅绿色，有光泽，叶柄腹沟较宽平而浅，长 35 厘米左右，基部宽 4 厘米，厚 0.9 厘米，实心，质脆嫩，纤维少，味道鲜美。单株重量适中。该品种早熟，从定植至收获 80 天左右。抗枯萎病，丰产性强。一般每 667 平方米产芹菜 7 500 千克。适于秋露地及保护地栽培。

4. 改良犹他品种

由"犹他"改良而成。为中国农业科学院蔬菜花卉研究所从国外引进。该品种在日本种植较普遍。植株粗壮，生育旺盛。株高 60 厘米，叶柄肉质厚，最大叶柄长 28 厘米，宽 3 厘米，厚 1.2 厘米，绿色，实心，纤维少，品质好。叶片浅绿色，风味浓厚。单株重

750 克,生长期为 130 天。适合夏季栽培。

5. 佛罗里达 683

由中国农业科学院蔬菜花卉研究所从美国引进。植株生长势强,株高 60 厘米。叶片及叶柄均为深绿色。叶柄实心,质地柔嫩,纤维少,药味淡,品质优,净菜率高。平均单株重 0.4 千克。每 667 平方米产芹菜 6 000 千克以上。

6. 青系西芹 13 号

国外品种,经上海引进后传至广东省。植株粗壮,叶柄肥厚,株高 47 厘米左右。最大叶柄长 19 厘米,宽 1.8 厘米,厚 0.9 厘米,绿色,实心或空心,纤维含量中等。叶黄绿色,风味浓。实心类型,单株重约 975 克;空心类型单株重约 325 克。生长期为 157 天。夏、秋季及越冬栽培均可。

7. 意大利夏芹

由中国农业科学院蔬菜花卉研究所从意大利引进。植株生长旺盛,叶直立向上,平均株高 80 厘米。叶色浓绿,叶片较大,叶数多。叶柄长而肥厚,平均长 43 厘米,基部宽 1.6 厘米,厚 2.2 厘米。叶柄棱浅,突起明显,实心,质地较密,脆嫩,纤维少,品质优良。该品种冬性弱,易通过春化阶段抽薹。抗低温,抗病,耐热差,一般每 667 平方米产芹菜 5 000 千克左右。适宜夏、秋季栽培。

8. 意大利冬芹

由中国农业科学院蔬菜花卉研究所从意大利引进。植株生长势强,株高 70 厘米。叶柄平均长 36 厘米,基部宽 1.5 厘米,厚 1 厘米,浓绿色,表面光滑。叶柄宽圆,实心,肉厚,纤维少,不易老化,易软化。该品种抗病,抗寒,耐热,高产,成熟晚。单株重 0.5 千克。一般每 667 平方米产芹菜 6 500 千克。适于春、秋季露地及保护地栽培。

9. 美国芹菜

由中国农业科学院蔬菜花卉研究所从美国引进的品种。植株生长势强,株高 70 厘米左右。叶柄肉质较厚,脆嫩,最大叶柄长 46 厘米,宽 2 厘米,厚 1.5 厘米,绿色,实心,纤维少。叶片绿色,风味淡。单株重 600 克左右。该品种生长慢,耐寒,耐藏,适应性强。一般每 667 平方米产芹菜6 000～7 000 千克。适于春季及越冬保护地栽培。

10. 高　金

由中国农业科学院蔬菜花卉研究所从美国引进的品种。株高 68 厘米左右。叶柄浅绿色,实心,最大叶柄长 32 厘米,宽 1.5 厘米,厚 1.1 厘米,纤维少,品质好。叶片浅绿色,味道浓厚。单株重 750 克左右。生长期为 150 天左右。适合早春及夏、秋季栽培。

11. 柔嫩芹菜

由中国农业科学院蔬菜花卉研究所从美国引进的品种。植株生长势强,株高 65 厘米左右。叶绿色,叶柄黄绿色,宽大,肥厚,光滑无棱,有光泽,实心,组织柔软,纤维少,脆嫩无渣,微带甜味,品质优良。生、熟食风味均佳。该种耐热,耐湿,耐贮藏。平均单株重 750 克。适于春、夏、秋季栽培。一般每 667 平方米产芹菜 6 000千克左右。

12. 福特郎克芹菜

从美国引进的品种。植株生长势强,株高可达 70 厘米,横径 7～8 厘米。叶片、叶柄均为绿色。叶柄宽 3 厘米,质地脆嫩,纤维少,品质佳。适于秋、冬季栽培。每 667 平方米产量可达 7 500 千克以上。

13. 文 图 拉

从美国引进的品种。植株高大,生长旺盛,株高 80 厘米以上。叶片大,叶色绿。叶柄绿白色,有光泽,腹沟浅,较宽平,基部宽 4 厘米左右。叶柄抱合紧凑,质地脆嫩,纤维极少,品质优良。抗枯萎病、缺硼病。定植后 80 天可上市。适于秋、冬季栽培。单株重约 1 千克,每 667 平方米产量达7 500千克以上。

14. 美国加州皇芹菜

美国最新选育的品种。早熟型,移植后 70 天可采收。植株健壮高大,叶柄长而紧凑,长达 30 厘米以上,可食率高。植株青翠绿色,脆嫩无筋,品质优良。每 667 平方米产量达 7 500 千克以上。适应性强,抗病力较强。

15. SG 抗病西芹

该品种是天津市宏程芹菜研究所利用美国百利西芹杂交选育的西芹品种。该品种株形高大,叶片大,深绿色。叶柄肥大,宽厚,实心,粗纤维少,实心,品质较好。产量高,抽薹晚,对病毒病、斑枯病和心腐病有较强的抗性。单株重 1~2 千克,定植后 90~120 天收获。每 667 平方米产量达 5 000~10 000 千克。

16. 康乃尔 19 号西芹

由国外引进。叶柄、叶片黄色。叶柄长 25~30 厘米。易进行软化栽培,软化后呈白色。该品种品质好,抽薹晚。适合软化栽培。

17. 百利西芹

由美国引进。株形粗壮,叶柄扁宽肥厚,淡绿色,脆嫩清香,品质好。单株重可达 1.5 千克。适宜软化栽培。

第二章　芹菜栽培技术

一、越冬栽培技术

芹菜越冬栽培,是在中秋节以前播种育苗,秋末定植在保护设施中,于冬季或翌年早春上市供应蔬菜的一种栽培方式。这种栽培正值寒冷的冬季,要具有保温较好的保护设施,以及较高的管理技术水平,生产成本稍高。但是,芹菜产量高,品质好,上市期恰逢蔬菜少、单价贵的寒冬,经济效益高。因此,国内各地都在大量发展,尤以北方地区发展最快。这是广大菜农致富的一个重要门路。其栽培面积仅次于黄瓜。

(一)栽培设施与栽培时间

芹菜越冬栽培所需的设施与栽培时间的确定,主要以芹菜上市的时间为根据。凡在春节前后上市的芹菜,所需保护设施的保温性能要好。如芹菜上市时间提前或延后,则所需的保温栽培设施可稍差些。

不同地区,特别是不同纬度的地方,所需的保护设施也不尽相同。一般高纬度、地处高寒的北方地区,需要保温性能良好的设施,而稍往南的地区则可用保温性能稍差的设施。

以华北地区为例,利用风障阳畦、小中拱棚(夜间覆盖草苫)等进行芹菜越冬栽培时,可于8月上旬至9月上旬育苗,9月下旬至10月上旬定植,12月底至翌年2月上旬收获。

利用日光温室进行越冬栽培时,可于8月中旬至9月中旬播种育苗,10月上中旬定植,12月中下旬至翌年3月收获。

利用风障畦进行越冬栽培时,可于8月中旬至9月上旬播种育苗,10月中旬至11月上旬定植,翌年3~4月份收获。

目前,在北方地区利用日光温室进行越冬栽培的面积较大。由于芹菜较耐寒,经济效益不及黄瓜和番茄等,为降低成本,多建造简单、保温性能稍差的日光温室。常用的日光温室形式有如下几种:

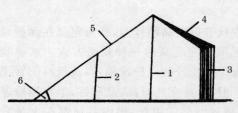

图 2-1 单坡面温室
1. 中柱 2. 前柱 3. 后墙 4. 后屋面
5. 塑料薄膜 6. 薄膜与地面夹角

1. 单坡面温室

温室的进光面是一个平面,由北向南倾斜接入地上(图 2-1)。温室的长为 30~50 米,宽 6~10 米,单栋温室面积为180~500 平方米。后墙高1.6~2.0 米,后屋面宽 1.0~1.9 米,中柱高 2.0~2.5 米,前柱高 1.0~1.3 米,后墙距中柱 1.0~1.6 米,中柱距前柱 2~3 米。塑料薄膜与地面的夹角为 20°~30°。

建温室的骨架多用竹竿或木杆,少有用钢材的。温室只有一个朝南的进光面,东西两侧为土墙。夜间加盖草苫。利用塑料薄膜为透光覆盖物。这种温室结构简单,用料少,建造容易,成本较低。其缺点是温室南部空间矮小,不便于操作管理,保温性能稍差,只能用于芹菜等耐寒性蔬菜的栽培。

2. 双折面温室

温室的透光塑料面有两个。顶面在上,前立面接地(图 2-2)。前立面有的垂直于地面,有的略向南倾斜。其结构规格各地差异很大。在温暖地区一般后墙高 1.8~2.0 米,中柱高 2.0~2.2 米,前立柱高 1.3~1.5 米,立面高 0.8~1.0 米,跨度为 10~13 米。其缺点是温室塑料顶面与地面夹角太小,冬季日光入射量少,温度条件差。但因棚体跨度大，土地利用率高，较适于芹菜越冬栽培。

在高寒地区的温室规格是：长 30 米，跨度为 6.5 米，中柱高 3.2 米，腰柱高 1.7～1.8 米，前立柱高 0.6 米（立面），后墙高 2.6～2.8 米。墙是用土打的，墙

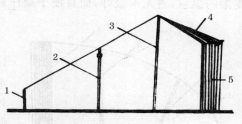

图 2-2 双折面温室
1. 立面 2. 前立柱 3. 中柱
4. 后屋面 5. 后墙

厚为 1 米。后坡长1.6～1.75 米，后坡厚 30 厘米以上。这种温室的保温性能优于上述类型，唯土地利用率较低。适用于冬季寒冷地区芹菜的越冬栽培。

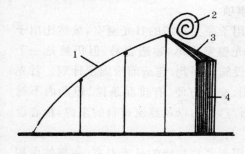

图 2-3 半拱式日光温室
1. 拱杆 2. 草苫 3. 后屋面 4. 后墙

双折面温室骨架的主要材料是木杆和竹竿。夜间要加盖草苫。

3. 半拱式日光温室

这种日光温室的透光屋面为拱式弧形（图 2-3）。其结构是：跨度为 7 米，中高 2.2～2.4 米，后屋面宽 1.0～1.5 米，厚0.4～0.6 米，后墙高1.8～2.0 米，厚

1 米。这种温室的光照条件较好，保温性能也好，室内操作方便。适用于寒冷地区芹菜越冬栽培。

目前在北方地区，这类温室较多，建造所用材料各异。有的利用竹、木材料做主要支撑，有的用钢架做拱，有的用薄壁镀锌管做拱，有的中间有立柱，有的则无立柱。以无立柱的钢架或镀锌管做

支架的温室,透光率最好,而且便于操作管理,唯建造成本较高。

4. 无后坡日光温室

该温室的跨度为 7～10 米,后墙高 1.5～2.0 米,无后坡(图 2-4)。多为竹木结构,很少有用钢筋做骨架的。

无后坡日光温室的建造简单,成本很低,虽然保温性能差,但栽培芹菜还是可行的。其最大缺点

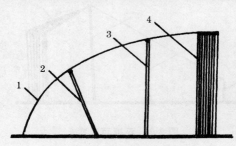

图 2-4 无后坡日光温室
1. 拱杆 2. 前立柱 3. 中立柱 4. 后墙

是,温室内空间太低,操作管理不便。这样的温室在经济不发达的蔬菜地区较多。

5. 建造温室应注意的事项

(1)建造温室的条件 用于芹菜栽培的日光温室,虽然比用于黄瓜、番茄等蔬菜栽培的日光温室简单,建造容易,但仍然是一个投资较大,使用年限较长的设施。因此,建造前应周密计划。首先应选择地势开阔、避风、向阳、交通方便、有排灌条件、短期内不被征用的地块。而后根据地形与财力,以及建筑材料的来源,精心设计适宜的温室形式。

(2)温室场地的规划 用于芹菜栽培的日光温室,每栋的面积以 330～660 平方米为宜。面积过小,则东西山墙在室内遮荫面积占总面积的比例大,生产条件较好的地面积所占的比例太小,温室的建造也不经济。若温室过大,室内运输不便,管理也麻烦。

温室建造以东西向延长,坐北朝南为好。北方早晨多雾,日照不良,而下午天气晴朗。为充分利用午后的日照,提高温室内的温度,防止夜间冻害,温室的方位可适当偏西5°。这种温室称为抢阴性温室。在我国中部地区,早晨雾少,夜间温度不太低,温室的

方位可适当偏东 5°。在上午可及早接受较多的阳光。这种温室称为抢阳性温室。由于蔬菜光合作用的产物 70%是在上午形成的,故抢阳性温室有利于产量的形成。

(3)温室结构的确定　温室结构的好坏直接影响到温室内的光照、温度等环境条件,是建造温室的关键所在。温室的结构主要包括以下几个方面:

①采光角度　温室内的光照条件,不仅影响芹菜的光合作用,而且影响是否有适宜的室内温度。通常冬季温室内的光照不足,温度较低,所以改善温室内的光照条件至关重要。直接影响温室采光量的诸因素中,采光角度是最主要的因

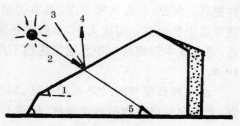

图 2-5　采光角度
1. 屋面角　2. 日光入射线　3. 法线
4. 反射线　5. 太阳高度角

素之一。采光角度又叫屋面角。屋面角是南坡面塑料薄膜平面与地面之间的夹角。屋面角越大,则太阳光的入射角与反射量就越小,温室内的采光量越大;反之,屋面角越小,太阳光射到塑料薄膜上的入射角越大,温室内的采光量越小(如图 2-5)。为加大屋面角,在建造温室时,必须缩小温室的跨度,提高温室的高度。这样就降低了温室所占土地的利用率,提高了建造成本。在兼顾采光量、土地利用率、建造成本这三者的关系后,应考虑到芹菜的适应性。华北地区,芹菜栽培的日光温室的屋面角度以 20°～25°为宜。在高纬度地区,可适当提高此角度。

②温室高度与跨度　温室的高度是指最高透光点与地面的距离,它比中柱的高度要大一点。温室高度直接影响屋面角度与空间的大小,关系到温室内的采光性能和温度的高低。若高度太低,

日光入射量少,室内空间小,热容量小,白天升温快,夜间降温也快,易受冻害和冷害。其优点是屋面减少,覆盖面积小,容易防寒保温,建造省工。温室高度太高,温度、光照条件显著改善,但建造起来费工、费料。华北地区适宜的芹菜栽培温室高度为 2.0~2.5 米。

温室的跨度是指室内从北墙根到最南边的塑料薄膜入土处之间的距离。跨度越大,温室内可供利用的土地面积越大,利用率得到提高。但是,屋面角度下降,温室的采光性能也下降,严重影响蔬菜的生长发育。跨度太小,虽然采光性能改善,但土地利用率降低,建造成本就提高。华北地区适用于芹菜栽培的温室跨度为 7~10 米。

温室的高度与跨度是互相关联、相互影响的。只有两者均适宜,才能改善温室内的环境条件,提高土地利用率,降低建造成本。温室的高度与跨度的比值一般以 0.3 为适宜。

③**后屋面的宽度** 温室后屋面起保温作用。白天后屋面可将吸收的热量贮存起来,以供夜间散发,阻止温度下降,起到良好的保温作用。夏季后屋面有一定的遮荫、降温作用。后屋面过窄,则上述的作用就较小;相反则遮荫面积增加,采光量减少,对温室的采光量和土地利用率不利。芹菜栽培温室后屋面的宽度以 1.0~1.5 米为宜。在冬季温暖地区,也可不要后屋面。

④**厚 度** 温室的厚度是指后墙、东西两侧山墙及后屋面的厚度。厚度越大,保温性能越好。适宜的厚度应比当地冻土层的深度略大些。如山东地区冬季冻土层厚 40~50 厘米,日光温室的墙厚以 80~100 厘米为宜。若后屋面的保温材料较好,则厚度达50~60 厘米即可。

⑤**屋面的形式** 目前日光温室的屋面有单斜面、双折面、微拱和半拱等形式。单斜面、双折面温室建造容易,成本较低,但是南侧低矮,工作不方便。目前多采用微拱、半拱形的屋面。这两种屋面结构合理,支撑力强,采光量较多,唯建造较费工。

⑥通风面积　芹菜较耐寒,在春、秋季节,为避免温室温度过高、植株徒长,应加强通风。因此,建造温室时应注意配置通风设施。在南坡面的塑料薄膜应预留通风缝,北墙每3～4米设置0.2～0.3平方米的通风窗。

⑦温室负重　冬季温室屋面要承受草苫、积雪、大风等压力。如温室骨架不坚固,易发生倒塌,造成蔬菜冻害。因此,在建造时要考虑选用有一定强度的材料和科学的建造方法。

(4)温室施工中应注意的事项

第一,温室施工时,首先应定点、放线、挖地基,以避免偏斜,或地基不实,引起墙体塌陷。

第二,墙可用砖砌空心墙或构筑草泥墙,但均需保证坚固,无缝隙,有良好的保温性能。

第三,温室后屋面应有一定的强度,以保证在屋面进行人工操作或堆放草苫不致被压坏。

第四,安装立柱时,应挖好埋设坑,坑底垫基石,以防立柱下沉。骨架连接应圆滑,避免被棱角刺破塑料薄膜。

第五,塑料薄膜应用无滴长寿膜,以减少滴水,降低室内空气湿度,减少病害。

第六,保温覆盖物应选用厚度在3～5厘米的、紧实的草苫或用纸被、棉被等。

第七,在温室的南侧应挖防寒沟,防止室内土壤热量传至室外。防寒沟挖在温室的南前沿,宽30厘米,深度与当地冻土层的深度相一致,沟内填入杂草、秸秆等保温材料,顶部覆10厘米厚的泥土,并盖上地膜,防止雨水浸入。

第八,进出口应位于东西山墙,进出口外最好建一工作间,以减少冷空气侵入。

6. 风障阳畦越冬栽培设施

风障阳畦是我国传统的越冬栽培设施。它在20世纪60～70

年代栽培面积很大,80 年代以后由于其管理费工、保温性能稍差、要求技术水平较高等原因,妨碍了它的继续发展。

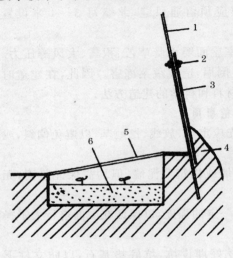

图 2-6 风障阳畦
1. 风障 2. 腰拦 3. 披风草苫
4. 披土 5. 塑料薄膜 6. 营养土

风障阳畦是由风障、风障前的栽培畦和畦上的透光覆盖物、不透光覆盖物等组成的(图 2-6)。建畦应选择背风向阳、地势高燥、排水良好、灌水方便、交通便利的地方。畦为东西向,坐北朝南。阳畦是需要投资的短期固定设施,应选择肥沃、病虫害少、不重茬的地块。

阳畦的宽度一般为 1.2~1.5 米,长度因地而异。济南市地区的标准阳畦一般长度为 22.5 米,每畦的面积为 33 平方米。阳畦的田间安排有三畦组和四畦组两种。三畦组即一畦用于埋设风障,风障前的一畦为栽培畦,风障前的另一畦作为走道和放置覆盖物。四畦组是在风障前再加一块空畦,用于种植露地蔬菜(图 2-7)。

建造风障阳畦时先做畦墙。畦墙上宽 20 厘米,底宽 30 厘米,北墙高 40 厘米,东西墙从北至南由北墙高至平地,打好畦墙后扎风障。风障用竹竿作骨架,向南倾斜 70°角,埋入土中 25~30 厘米深。骨架内绑扎上草苫,或用玉米秸密实排列做成屏障。风障的高度为 1.5~3.0 米,中间拦腰用竹竿横向夹住绑紧,称为腰拦。畦的东西两侧也用同法做成风障。风障建造方法与风障阳畦相同。

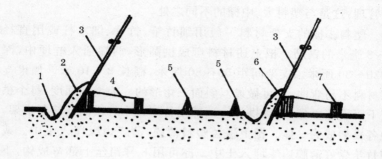

图 2-7　风障阳畦四畦组形式
1. 风障沟　2. 披土　3. 风障　4. 阳畦　5. 畦埂　6. 后墙　7. 前墙

风障阳畦上的透光覆盖物为塑料薄膜。覆盖塑料薄膜时，先在畦的南北墙上放细木杆或竹竿作支架，东西向纵拉 2 根铅丝后覆塑料薄膜，以保持薄膜平展。薄膜四周用泥土压紧。不透光覆盖物为草苫、苇毛毡等，夜间起保温作用。

7. 塑料小棚

是利用塑料薄膜和简单的竹片等支架材料，所做成的低矮的保护设施。它的保温性能虽然较差，但取材与建造很方便，用后即拆，不久占地块。它目前已成为我国最大的蔬菜保护栽培方式之一。

塑料小棚的高度在 1 米以内，跨度为 1.5～2.5 米（图 2-8），人不能入内操

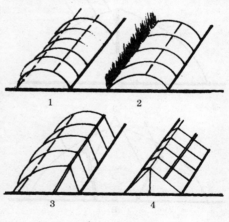

图 2-8　塑料小棚
1. 拱圆形小棚　2. 带风障拱圆形小棚
3. 半拱圆形小棚　4. 三角形小棚

作管理,这是与塑料大、中棚的不同之处。

塑料小棚的支架材料一般用细竹竿、竹片、细木杆或用直径 6~8 毫米的钢筋。把上述材料弯成拱圆形,两端插入畦埂中,深约20~30 厘米。支架间距 50~80 厘米,棚长 8~10 米。如果支架材料不易弯曲,也可做成双斜面三角形的。为增加强度,每个拱架下可设一立柱,支撑拱杆。顶部用竹竿或木杆横向连接各拱架,使各拱架成为一体。棚上覆盖塑料薄膜,薄膜边缘埋入土中。或用竹竿卷好薄膜边缘埋入土中。亦可用 8 号铅丝上部弯成钩,下部插入土中,用钩挂住卷塑料薄膜的竹竿。塑料薄膜上加盖草苫,以保持夜间温度。

8. 塑料薄膜中棚

与小棚的结构很相似。一般把宽3~7 米,中高 1.5~1.8 米,长 10 米以上的塑料棚称为中棚。人可以入内操作管理,面积在 300 平方米以内。塑料薄膜中棚的生产面积较大,管理方便,建造成本较低,在广大蔬菜产区应用较多。其缺点是覆盖草苫困难,保温性能较差。

建造塑料薄膜中棚所用的材料,有竹木结构和钢架结构两种。竹木结构塑料中棚的支架,均由竹竿、竹片或木杆组成。根据中间支柱的多少,塑料中棚又可分为单排柱竹木结构和双排柱竹木结构两种(图2-9)。

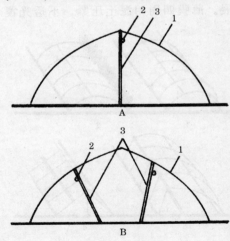

图 2-9　竹木结构塑料中棚
A. 单排柱竹木结构　B. 双排柱竹木结构
1. 拱杆　2. 横杆　3. 立柱

单排柱竹木结构中棚,跨度为 3～7 米,中高 1.5～1.8 米,拱杆间距 60～100 厘米。每 1～3 个拱杆下设一个支柱,棚中间仅设一排支柱。支柱距顶端 20 厘米处用较粗的竹竿或木杆纵向连接成横杆,把各立柱固定成一个整体,以增加强度。拱杆成半圆形,上覆塑料薄膜,夜间加盖草苫。

双排柱竹木结构塑料中棚,与单排柱中棚结构基本相同。不同处是棚中增加 1 排支柱,这就增加了坚固性。

钢架结构中棚,支架为钢材,一般用 4～6 分(直径为 1.270～1.905 厘米)的钢管,或用直径为 10～20 毫米圆钢焊成

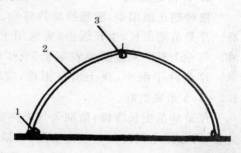

图 2-10 无柱钢架中棚
1. 底脚横拉筋 2. 拱杆 3. 顶部横拉筋

花梁作为拱架,可设立柱,也可不设立柱(图 2-10)。

(二)品种选择

芹菜越冬栽培的育苗期,在温度较高的秋季,生长期在寒冷的冬季。因此,应选用较耐寒的、实秸、生长缓慢、耐贮藏、品质优良的深绿色的品种。芹菜在我国各地都有适合当地生产习惯和食用习惯的品种,在选用品种时也要考虑这些因素。目前我国各地常用的优良品种有潍坊青苗、天津黄苗、玻璃脆、新泰芹菜与津南实芹等。美国芹菜以其产量高、纤维少、质脆和柄粗而受生产者与食用者的欢迎。

(三)育 苗

1. 播种期

在华北地区,芹菜越冬栽培的育苗播种期,为 8 月上旬至 9 月

中旬,于 9 月下旬至 10 月初定植。露地育苗苗龄为 50～60 天。西芹的生长期长,幼苗生长慢,应提早 15～20 天播种。为保证元旦和春节上市,获得较高的经济效益,越冬芹菜的播种期宜早不宜晚。

2. 育苗畦整地

播种期正值雨季,应选择地势高燥、能灌易排的地块建造育苗畦。芹菜苗期很长,生长缓慢,应选用土质疏松、肥沃的砂壤土做畦。每 667 平方米施腐熟农家肥 5 000 千克以上,浅翻 10～15 厘米。芹菜种子细小,顶土出苗困难,应将土充分耙细耙平,做成 1.2～1.5 米宽的畦。

芹菜幼苗生长缓慢,苗期天气炎热多雨,易生杂草。为防杂草危害,可用除草剂防治。其方法是,在播种后,立即用 33%二甲戊灵的水溶液喷布地表,每 667 平方米用药 130～150 毫升。

3. 种子处理

芹菜种子发芽缓慢,播种前必须进行催芽处理。先用清水浸种 24 小时,然后淘洗干净,用纱布包裹好,置于 15℃～20℃ 的阴凉环境中催芽。此期天气炎热,室内温度一般在 25℃～30℃,很难出芽。故应放在阴凉的地窖、山洞、地下室内催芽。芹菜种子发芽需要充足的氧气和一定的散射光,所以催芽期应每天翻动 1～2 次,适当喷水与见光。为防止发霉,可用清水淘洗数次。经过 5～7 天,80%的种子露白时即可播种。

有些品种的种子采收后有 1～2 个月的休眠期。如利用当年采收的新种子催芽,往往出芽困难,出芽时间拖长且不整齐。为此,可用 5 毫克/升赤霉素液浸泡 12 小时;或用 1 000 毫克/升的硫脲液浸种 10～12 小时;也可把种子冷藏处理 30 天。上述方法均可打破休眠期,缩短发芽时间,提高发芽率。

4. 播 种

播种前,畦内浇足底水,待水渗下后,把种子掺入少量细沙拌匀,均匀撒播。撒播后覆细土 0.5 厘米厚。覆土不能太薄,否则畦面易干裂,致死幼苗;也不能覆土太厚,否则幼芽不易出土。如果土壤墒情好,或雨后播种,可不必浇水,直接用三齿钩划浅沟撒种,再耙平。播后稍镇压。

育苗每 667 平方米用种子 1.0～1.5 千克,所育成的苗可栽 2 000～2 667平方米。

5. 遮　荫

芹菜出苗缓慢,为防日晒、土壤干旱和大雨冲淋后种芽外露,应采取遮荫措施。遮荫还有降温、保墒的作用。常用的遮荫方法有以下几种:

(1)秸秆或苇蒲遮荫　播种后,把高粱秸、玉米秸、苇蒲等搭放在畦面上,也可把麦草铺在畦面上。待幼苗出齐后,陆续把遮荫物撤除干净。

(2)塑料薄膜遮荫　利用废旧塑料薄膜和竹竿等支撑物,搭成四周通风的小拱棚,可起遮荫、防雨的作用。此法效果较好,但费工费料。

(3)遮阳纱遮荫　利用黑色或银灰色的遮阳纱做覆盖,利用竹竿等做支撑物,做成小拱,覆在育苗畦上。这种方法可遮荫、降温,防暴雨拍苗,还可驱避蚜虫,减轻病毒病的发生。

不论用什么方法遮荫,在苗出齐后,应陆续减少遮荫物。待幼苗1～2 片真叶时,全部撤除所有覆盖物。

6. 苗期管理

芹菜幼苗期根系不发达,吸收能力弱,植株细小,同化能力亦弱,生长相当缓慢。因此,对肥水的要求极为严格。出苗前应保持畦面湿润,如果畦面稍干,由于覆土很薄,很易灼伤幼芽。从播种次日起,至出土前每隔1～2 天应浇 1 次小水。浇水宜早晚进行,水量应小,以防把种子冲出来。有条件时,应用喷灌法。出苗至第一片真叶展开,根系细弱,不抗干旱,此时很易造成干旱死苗。如果天气无雨,仍需小水勤浇,每 2～3 天浇一次小水,保持畦面见湿不见干。幼苗 2～3 片真叶时,如天气干旱,需及时浇水,保持土壤湿润。在第四、第五片真叶出现后,可减少浇水次数,保持畦面见干见湿。此时浇水过多,易引起根系发育不良和茎叶徒长,适当少浇水可促进根系发育与加速幼叶分化。大雨后应及时排水防涝,防止根系受损,叶片黄化。热天下过热雨后,应及时用冷凉的井水串灌,以降低地温,补充水中的氧气。

芹菜苗期对氮和磷肥需要量较大,除了在做畦时施足基肥外,苗期也应及时追施速效肥。在苗高 5～6 厘米时,结合浇水每 667 平方米追施尿素或复合肥 10～15 千克,也可每 5～7 天喷施一次 0.2%～0.3% 的尿素液,进行叶面追肥。秋初季节,雨水多,浇水次数频繁,肥料多随水下渗,而芹菜的根系又浅,吸收能力弱,因此,追肥应少量多次,一般 10～15 天追肥一次,保证及时供应幼苗的需肥。

芹菜苗期应间苗两次。在幼苗 1～2 片真叶时,间去丛生苗、对裸苗、弱苗和病残小苗,保持苗距 1～2 厘米。约 15～20 天后,在 2～3 片真叶时,进行第二次间苗,苗距 3 厘米。这时可把间出的苗定植到大田内。

在芹菜幼苗期,天气炎热,雨水多,土壤湿润,杂草极易滋生。如未用除草剂处理的苗畦,应结合间苗及时拔草 2～3 次。芹菜幼苗根系很浅,拔除大草时往往带出幼苗来。所以苗期拔草应做到拔小、拔早、拔了。

苗期病虫害十分严重,特别是蚜虫、斑枯病和斑点病等病虫害发生普遍,危害严重。应及时防治。防治方法见病虫害防治部分。

7. 定植秧苗的标准

芹菜越冬栽培育苗的苗龄,本芹为 50～60 天,西芹为 70～80 天。幼苗具有 4～5 片真叶,高 15～20 厘米,根系白而密集,即为壮苗。

（四）定　植

1. 定　植　期

芹菜越冬栽培定植的时间,应根据上市时间和保护设施的不同而异。如要在元旦前上市,则应在 9 月下旬及早定植;如要在春节前后上市,则可在 10 月初定植。利用小拱棚栽培时,为避免冻害,应在 9 月下旬定植,在元旦前寒冷尚未来临前上市。而利用日光温室栽培,则可在 10 月初定植,在春节前后上市。在华北地区,10 月份至 11 月上旬保护设施里的温度条件,较适宜于芹菜的生长。在东北、西北高纬度地区,还可提前定植。定植过早,植株提早长成,故需提早上市,否则会影响品质;定植过晚,则会因温度低,生长量不足,而降低产量。

2. 整地与施肥

芹菜栽植密度大,产量高,应选用肥沃疏松、有机质含量高的壤土或黏壤土栽培。为减少病虫害,应尽量避免连作。

芹菜的生长期很长,必须施足基肥。前茬收获后,应立即深翻、晒垡。结合翻地,施入大量腐熟的农家肥。试验证明,每 667 平方米施腐熟的圈肥 4 000～5 000 千克,加上适当追肥,方能达到 6 000～7 000 千克以上的芹菜产量。单纯施用化肥作追肥,会减产 5%～20%。

越冬芹菜的生长期在冬季,下雨较少,一般做成平畦方可。畦宽 1.0～1.5 米,畦长 10～20 米。

3. 定植方法

芹菜定植时,如未来得及建造阳畦、风障、小拱棚等保护设施,则应把建造以上设施的位置预留出来。移苗前,要给育苗畦浇透水,以便起苗。起苗时要少伤根,以利于早缓苗。起苗后,把过长的主根剪去,保留主根长度为 4～6 厘米,芹菜的侧根多发生于根颈下 4 厘米左右的范围内,主根过短,会伤害侧根;主根太长,栽培时易弯曲窝根。定植宜选下午或阴天进行,尽量避免烈日暴晒,影响成活。栽植时,要把幼苗按大小分成两级,按级分片定植,以便于管理。栽植时以埋不住心叶为度,宜浅不宜深。栽植过深,幼苗缓得慢,不发棵;栽植太浅又不耐寒,且浇水时易冲倒。栽后覆土埋实,立即浇水。

定植时可开沟摆苗,也可用竹竿插穴栽苗。每穴 1 株。定植密度因品种、地力而异。一般本芹品种单株生长量不大,株行距以10 厘米×15 厘米为宜,每 667 平方米保苗 3.5 万~3.7 万株。有些地方用穴栽方式,每穴 2~3 株,株行距可适当加大。穴栽后的植株较细小,适于小株型品种。在土壤肥力高,选用大株型品种时,密度还应小些。如山东省日照市利用大叶岚芹栽培时,株行距为 15 厘米×20 厘米,每 667 平方米保苗 22 223 株最佳。西芹的单株重较大,生长期稍长,定植密度应稀些。如美国芹菜一般栽培株行距为 25 厘米×40 厘米,每 667 平方米保苗 6 000 株。如以高档商品单株销售,栽植的株行距应为 30 厘米×60 厘米,以每 667平方米保苗 3 500~4 000 株为宜。

(五)田间管理

1. 缓苗期管理

定植后,在缓苗期最多浇两次水。7~8 天即开始生长。缓苗期忌高温干旱或畦内积水。一般每 2~3 天浇 1 次水,雨后要及时排水防涝,以保持土壤湿润为度。

2. 营养生长初期管理

缓苗后,植株开始缓慢地生长。此时应进行蹲苗控水。此期外界气温开始下降,植株生长量很小,在缓苗结束后浇一次水,地表稍干,即进行深中耕(深20~30 厘米)。适当少浇水,蹲苗有促进根系下扎,加速心叶分化,抑制叶柄徒长的作用。此期浇水过多,不但会引发植株徒长,还会诱发病害。蹲苗需 7~10 天。

蹲苗应适度,否则会抑制植株生长。如土壤干旱应浇小水,或追一次提苗肥,每 667 平方米施尿素 10 千克。

蹲苗期外界温度逐渐下降,应及时扣塑料薄膜,夜间扣严,白天可通风。此期在华北地区为 10 月下旬至 11 月上旬。扣膜前应喷一遍防治蚜虫的农药,避免蚜虫在设施内为害。

3. 营养生长旺盛期管理

蹲苗结束后,芹菜苗高 25 厘米左右,旺盛生长开始,此时应大量浇水、追肥。在寒冷季节来临前,华北地区约在 12 月初,应施入为总肥量 80% 的肥料。从 10 月中旬至 11 月底,可追施 2～3 次化肥,每次每 667 平方米施尿素或复合肥20～30 千克,随水冲施。早期有条件时,可冲施腐熟的人粪尿,用量为每 667 平方米 500～700 千克。在收获前20～30 天,或严寒季节,一般不再追肥。在 10 月中下旬至 11 月份,应及时大量浇水,一般5～6 天浇一次水,保持土壤湿润。

随着外界气温的下降,在保护设施里覆薄膜后,透风减少,蒸发量大大降低,浇水即可减少。只要土壤保持湿润,则无需浇水。浇水过多,不仅影响根系发育,而且有降低地温、影响叶柄肥大的副作用。

赤霉素对芹菜生长有明显的刺激作用,在生长期喷施浓度为20～50 毫克/升的赤霉素液,可增产 20% 以上,还会使叶柄肥嫩,改善品质,加速生长,提早上市。一般在苗高 20 厘米以上时,每15～20 天喷一次,共喷 2～3 次,收获前半个月停止。在喷洒赤霉素时,应注意及时浇水,施足追肥,否则会降低品质。严寒季节,植株生长缓慢,不宜施用赤霉素。

芹菜植株基部经常培土,可起软化作用。经软化后,芹菜叶柄柔嫩,气味减淡,叶柄下部变白,品质大为提高。培土还可防倒伏与防寒。培土在月平均气温降到 10℃ 左右,植株高度达 25 厘米时开始进行。培土前灌大水,选晴天下午叶面无露水时进行。培土过早,气温高,易造成烂心。叶面有水珠,培土后易引起叶与叶柄腐烂。培土时,应用细土陆续进行,2～3 天一次,共进行 4～5次,培土总厚度为 17～20 厘米。每次培土应注意不损伤叶片及叶柄,深度以不盖住心叶为度。

本芹定植的密度较大、株行距较小时,不必进行培土。西芹的株行距较大,培土较方便,通过培土还有抑制西芹分蘖的作用。

西芹单株生长粗大旺盛,株行距又大,根颈处极易分生萌蘖。萌蘖过多,影响植株向高处生长,使叶柄变细,植株成丛状,严重降低质量。因此,应及时将萌蘖摘除。在旺盛生长期,结合中耕除草和培土,可进行 3～5 次摘除萌蘖工作。

4. 温度和光照管理

在日光温室、风障阳畦、拱棚里进行芹菜越冬栽培,产量高低的制约因素主要是光照和温度条件。

在覆盖塑料薄膜前期(11 月份),外界气温尚高,应注意通风降温。白天通过通风,保持设施内的温度为 15℃～20℃,不可超过 25℃。夜间扣严塑料薄膜,保持温度为 6℃,不能低于 0℃。此期管理的重点是注意通风,勿使温度过高,造成植株徒长、细弱,降低抗寒力,严重影响产量。

12 月份,随着外界气温的降低,逐步把塑料薄膜扣严,缩小通风口,夜间加盖草苫保温。严寒季节,保温覆盖物要晚揭、早盖,尽量使芹菜保持较好的温度条件,以防冻害发生。一般夜温应保持在 0℃以上,白天应保持在 15℃以上。如果天气严寒,芹菜受冻,可待芹菜解冻后再揭草苫。否则,受冻的芹菜骤然见阳光,叶片就会迅速解冻,叶细胞失水后来不及恢复而受损伤,致使叶片发黄或枯死。如果保护设施内不保持适宜的温度,夜间连续有 −3℃～−4℃ 的低温发生时,就应考虑收获上市,或转入贮存。否则,会因冻伤而降低产量与品质。

冬季适当充足的光照,有利于芹菜的生长,不仅可提高产量,而且能保证叶色绿而正常,改善品质。光照不足,易使光合作用减弱,叶片黄化,品质变劣。因此,应及时揭盖草苫见光。即使是连阴寒天,也应在中午短时间揭开草苫见光。如连日不揭,则叶片黄化,品质下降。塑料薄膜也应经常清扫,以增加透光量。

(六)收　获

芹菜的收获期不严格,可根据长势和市场需要与价格情况,陆续采收上市。一般株高 60～80 厘米,有 12～13 片嫩叶时即可采收。已充分长成的芹菜不可收获过晚,否则养分易向根部输送,降低产量与品质。收获偏早,植株未长成,也影响产量。气候寒冷,保护设施中出现－4℃的低温前应收获完毕,以免冻害发生。收获时间应在晴暖天气,从畦的一头连根刨收,抖去泥土,去掉烂叶,捆成把即可上市。

初春 2 月份上市时,此时外界气温渐高,芹菜生长加速,为获高产,可用掰叶收获的办法。掰叶时,把芹菜外围长足而又未老化的叶柄从基部掰下上市。每次每株掰叶 3～5 片。掰叶后,待 3～5 天伤口愈合,即追肥浇水。经 15～20 天又可进行掰叶收获。一般掰两次叶后即连根刨收。这种收获方法虽费人工,但产量及经济效益均高。

近年来,为了减少城市垃圾,提倡净菜上市。要做到净菜上市,菜农就必须进行初加工,将上市的芹菜清理干净,分级包装,以级论价。长途运输的芹菜,可去根,洗净,摘去叶片,用塑料袋单株包装。加工后的芹菜价格最高。一般芹菜的分级要求如下:一等:鲜嫩色正,株高 40 厘米以上,不空心,去根,洗净,无病虫害。二等:鲜嫩色正,株高 35 厘米以上,略有病虫害,加工整修,去根,洗净。三等:新鲜,不过老,无严重病虫害,加工整修,去根,洗净。凡有机械损伤者,空心者,带根者均降价 10％。

(七)越冬栽培技术日历

该日历适于华北地区。栽培设施为日光温室。日期可前后移动 5 天。

8 月 10 日　芹菜种子催芽。建露地育苗床,床上设遮荫材料。

8 月 15～20 日　育苗畦播种。播后覆盖遮荫物。

8 月 21～25 日　每 1～2 天浇一水,保持土壤湿润,促进出苗。

8 月 26～31 日　每 2～3 天浇一水,保持土壤湿润。拔草、间苗一次,撤遮荫覆盖物。

9 月 1～10 日　每 4～5 天浇一水,拔草一次。每公顷施尿素 105～150 千克。

9 月 11 日至 10 月 5 日　每 4～5 天浇一水。定苗,株行距为 2～3 厘米。追尿素每公顷 105～150 千克。

10 月 6～15 日　每 7～10 天浇一水。

10 月 16～18 日　定植于日光温室中。定植后即扣塑料薄膜,白天通风,夜间扣严。

10 月 18～25 日　保持日光温室内白天温度为 20℃左右,夜间为 6℃～10℃。浇一次缓苗水。

10 月 26 日至 11 月 2 日　白天通风,夜间扣严薄膜,保持白天温度为 15℃～20℃,夜间为 6℃～10℃。中耕一次。进行蹲苗。

11 月 3～10 日　每公顷施尿素或复合肥 300 千克,每 3～5 天浇一水。继续保持温度。

11 月 11～30 日　每 5～7 天浇一水,保持土壤湿润。追复合肥一次,每公顷施 300 千克。保持白天温度为 15℃左右,夜间为 6℃左右。

12 月 1～20 日　浇一水即可。尽量保温,白天通风散湿。保持室温在0℃以上。

12月下旬～2月上旬　陆续收获。

二、春季栽培技术

芹菜的春季栽培，是冬季利用保护设施育苗，定植于保护设施或露地，于初夏上市供应的一种栽培方式。这种栽培方式所需的成本和设备不多，可改善初夏蔬菜供应状况，经济效益较高，是芹菜周年生产、周年供应的一个重要环节。沿用这种方式的历史很早，栽培面积较大。

（一）栽培设施与时间

春季栽培芹菜的育苗畦，一般设在保温性能稍差的日光温室、风障阳畦、风障畦和塑料小棚中。定植利用的保护设施有：风障阳畦、风障畦、塑料小棚、中棚和大棚，少数也利用保温性能较差的日光温室。

栽培时间因利用的育苗设施与保护设施而异。春芹菜上市早，价格高，经济效益好。所以，在可能的条件下，如保护设施温度条件许可，则应早育苗，早定植。

利用塑料中、小棚栽培时，如果有草苫覆盖，保温条件良好，可用日光温室或风障阳畦育苗。华北地区在12月中下旬播种，2月中下旬定植，4～5月份收获上市。

利用保温性能稍差的日光温室栽培时，可在同一温室内育苗。华北地区在12月上旬播种，2月上中旬定植，3月下旬至4月下旬采收。

利用风障阳畦栽培时的播种期、定植期与日光温室相同。

利用塑料大棚栽培时，可在大棚内设小拱棚育苗。华北地区在1月上旬育苗，3月上旬定植，5月初收获上市。

利用风障畦栽培时,华北地区于 1 月上中旬在阳畦育苗,3 月上中旬定植,5～6 月份采收上市。

定植在露地的芹菜,一般于 1 月下旬至 2 月下旬在阳畦育苗,3 月中下旬至 4 月上中旬定植,5 月下旬至 6 月份采收上市。

春季栽培芹菜时,由于气温渐高,加上经济效益不如黄瓜、茄果类蔬菜高,所以一般不用设备好、保温性能高的日光温室。多采用跨度大、采光角度小、温度条件差的日光温室。有的地方利用无后坡温室,降低后墙的高度至 1.5 米,跨度加大至 10～13 米,夜间用麦草堆覆盖,早晨用耙把草堆扒下,可省去用草苫的开支。

利用塑料中、小棚栽培芹菜时,为降低成本,一般也不用草苫覆盖。多数采用降低棚的高度,用散麦草堆覆盖。塑料中、小棚的建造方法,同越冬栽培。

风障畦、风障阳畦的建造方法,参照越冬栽培。

塑料大棚的建造成本较低,生产面积大,土地利用率高,近年来用于芹菜春季栽培的面积急剧扩大。常用的塑料大棚形式有以下几种:

1. 拱架式塑料大棚

高度在 1.8 米以上,跨度为 7～12 米,每个大棚的面积在 300 平方米以上,可以入内操作管理。大棚的拱杆及纵筋是用钢管或圆钢焊成的弧形平面桁架或三角桁架(图 2-11)。拱杆间距 0.8～1.0 米,纵筋

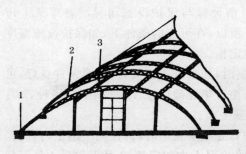

图 2-11 拱架式塑料大棚
1. 水泥基座 2. 钢拱架 3. 纵梁

3 条,有 1～3 排立柱。这种大棚的强度较大,坚固耐用,但造价较高。由于棚顶跨度大,不便于覆盖草苫,所以保温性能稍差,夜间

棚内温度比外界温度仅高 3℃左右。

2. 竹木结构大棚

　　大棚的建筑材料以竹竿和木杆为主。跨度为 12～14 米，高 2.6～2.7 米（图 2-12），以直径 3～6 厘米的竹竿为拱杆，每一拱杆由 6 根立柱支撑，拱杆间距 1.0～1.1 米。立柱用木杆或用水

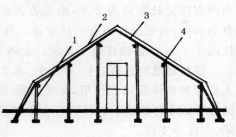

图 2-12　竹木结构大棚

1. 立柱　2. 薄膜　3. 竹拱杆　4. 纵拉杆

泥预制柱。棚长 50～60 米，每棚 600 平方米左右。拱杆上覆塑料薄膜，两拱杆间用 8 号铁丝作压膜线。两端固定在预埋地下的地锚上。地锚为水泥预制块，长、宽、高均为 30 厘米，上置铁钩。

　　竹木结构大棚的建筑材料多为农副产品，来源方便，成本低廉，较牢固。其缺点是支架多，遮光，光照条件不好，棚内操作不便。

3. 悬梁吊柱竹木大棚

　　是在竹木结构大棚的基础上发展起来的。主要包括立柱、拉杆、小支柱、拱杆、压杆、压膜线和塑料薄膜等部分。

　　大棚南北向，跨度为 8～12 米，中高 2.0～2.2 米，长 40～60 米（图 2-13）。立柱用直径为 5～8 厘米的木杆、竹竿或水泥

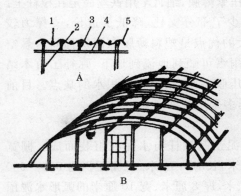

图 2-13　悬梁吊柱竹木大棚

A. 中柱纵断面图　B. 结构图

1. 压杆　2. 立柱　3. 小支柱

4. 拉杆　5. 薄膜

预制柱制成,承载棚架及薄膜的重量。每排立柱由 4～6 根组成,东西方向立柱距离为 2 米,南北方向立柱距离为 2～3 米。12 米宽的大棚,每根拱杆下有 6 根立柱。其中 2 根中柱高 2 米,2 根腰柱高 1.7 米,2 根边柱高 1.3 米。全部立柱均埋入地下固定。

拉杆是纵向连接立柱、小支柱,承担拱杆压杆的横梁。拉杆对大棚骨架整体起加固作用,其横向承压较大,一般用 6～8 厘米粗的竹竿或木杆制成。拉杆固定在立柱顶端下方 20 厘米处,形成悬梁,上接小支柱。

小支柱又叫吊柱,用木棒锯成,长约 20 厘米。顶端锯成凹形,承放拱杆。下端钻孔固定在拉杆上。小支柱间距 1.0～1.2 米。

拱杆是支撑塑料薄膜的骨架,用直径 4～5 厘米的鸭蛋竹制成。横向固定在立柱顶端或小支柱上,形成弧形棚面,两侧下端埋入地下 0.3 米。

塑料薄膜覆压在拱杆上。在两拱杆之间用 8 号铁丝作压膜线压紧薄膜。也可用细竹竿压紧薄膜,细竹竿用铁丝固定在拉杆上。

悬梁吊柱竹木大棚减少了部分支柱,降低了造价,支撑力较强,棚内作业方便。其最大的优点是塑料薄膜在两拱杆间为悬空状态,压膜线可压得很紧,雨雪可顺利地流到地下,弥补了竹木结构大棚由于横梁的阻挡而压膜不紧,棚面容易积水的缺点。目前各地建造的竹木结构大棚,多采用这种形式。

4. 水泥预制件大棚

大棚的骨架全部由水泥预制拱杆与水泥柱组装而成。棚宽 12～16 米,中高 2.0～2.5 米,长 30～50 米,每棚面积为 500～600 平方米。其拱杆为长 5～6 米、厚 8 厘米、宽 10 厘米的弧形水泥预制片(图 2-14)。中柱为断面 10 厘米×10 厘米的水泥柱,高 2 米,两侧边柱高 1.3 米。立柱顶端预制成凹形的顶座,用以固定拱片。边柱两边有斜向顶柱,以防止边柱向外倾斜。立柱均埋入地下 0.4 米,用水泥基座固定牢固。中柱与边柱距离 5 米,边柱与斜顶柱脚距 0.5 米。每隔 1.2 米设一排立柱。柱顶架设水泥预制拱片，通过预埋孔，用铁丝固定在柱顶。各排拱杆纵向用 10 毫米圆钢连结固定。南北两头立柱用拉筋拉紧，埋入地下与地锚相连。

水泥预制件组装式大棚坚固耐久，使用年限长，抗风雪能力强，内部空间大，操作管理方便。其缺点是棚体太重，不易搬迁，造价较高。

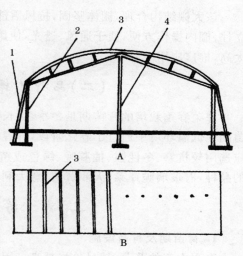

图 2-14　水泥预制件大棚
A. 纵断面图　B. 平面图
1. 斜顶柱　2. 边柱　3. 拱片　4. 中柱

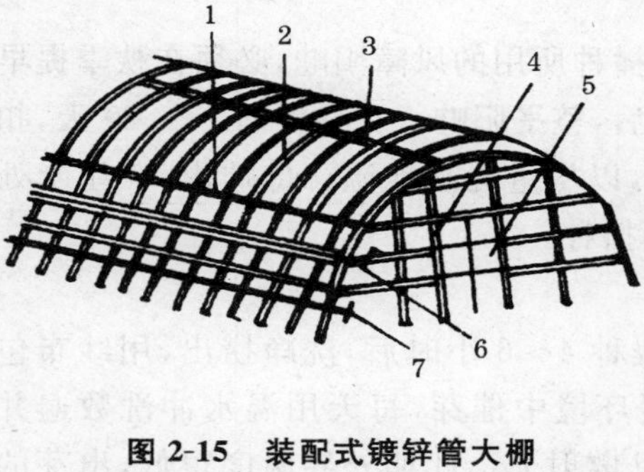

5. 装配式镀锌管大棚

大棚全部骨架都是由工厂按定型设计生产的标准件安装而成（图 2-15）。目前国内生产的装配式镀锌管大棚，其跨度有 6 米、8 米和 10 米等，长度为 30～66 米，中高 2.5～3.0 米，均为拱圆形大棚。棚南北向，内无立柱。大棚拱杆为直径 25～32 毫米

图 2-15　装配式镀锌管大棚
1. 卡槽　2. 横杆　3. 纵向拉杆　4. 棚头立柱
5. 门　6. 卷膜机构　7. 压膜线张紧机构

的镀锌钢管。

该大棚结构合理,棚体坚固,抗风雪能力强,搬迁组装方便,无立柱,棚内操作方便,便于通风、透光,使用年限长。其缺点是造价太高,推广应用不容易。

(二)品种选择

芹菜春季栽培的育苗期是冬季,生长期在温度较高的春夏季。苗期在低温环境中通过了春化阶段,开春时极易先期抽薹。所以,应选用较抗寒、冬性强、抽薹晚、绿色或黄绿色的品种。目前常用的品种,有玻璃脆芹菜、天津黄苗、意大利夏芹和美国芹菜等。

(三)育 苗

1. 育苗期及育苗设施

春季上市的芹菜,越早价格越高。因此,播种育苗期应尽量提早。但播种期过分提早,苗期易发生冻害,或经受低温通过春化阶段而先期抽薹。所以,一定要根据规定如期进行。在华北地区,日光温室和风障阳畦育苗,一般于12月中下旬至翌年2月下旬播种。

在12月和翌年1月份播种所用的风障阳畦,必须在秋季提早建好,在施足腐熟的农家肥后,整平阳畦。在播种前15~20天,扣严塑料薄膜,夜间加盖草苫,以尽量提高地温。待畦内10厘米处地温稳定达到10℃时,即可播种。

2. 催芽与播种

播种前先催芽。种子浸种4~6小时后,洗净捞出,用纱布包好,置于15℃~20℃的温暖环境中催芽,每天用温水冲洗数遍并抖松,促进空气流通,适当见散射光。此期外界温度很低,出芽的关键是保持适宜的温度。有条件时可放在恒温箱中催芽。经过5~7天,大部分种子露白后,即可播种。

播种要选"暖头寒尾"的晴天上午进行。争取播后有数天的温暖天气,以利于出苗;要避免寒潮侵袭时播种。播前畦内浇透水,水渗下后撒种、覆土。每 667 平方米苗床播种量为 1.0～1.5 千克,覆土厚 0.5 厘米。

3. 苗期管理

播种后,要及时覆盖塑料薄膜,夜间加盖草苫保温,尽量提高苗床温度。出苗前,要保持畦内温度为 20℃ 左右。出苗后适当降低温度,白天不要超过 20℃,以 15℃～20℃ 为宜,夜间不低于 8℃。以防温度过高,秧苗徒长。此期正值寒冬季节,苗床内的温度较低,应采取一切措施保温,防止出现－3℃ 以下的低温而冻伤幼苗。

育苗期自然光照较弱,应尽量设法改善光照条件。除了早揭、晚盖草苫,延长见光时间外,在连阴天也应揭开草苫,使幼苗有短暂的见光时间。如果一味防止冻害,不敢揭开草苫,则往往使芹菜幼苗因见光少而成为细弱的黄化苗。

1 月份气温较低,水分蒸发量小,如果土壤不过分干燥,就无需浇水。浇水过多反而会降低地温,抑制幼苗生长。2 月份天气渐暖。如土壤干旱,可结合浇水,追施一次化肥,每 667 平方米施尿素或复合肥 10 千克。

待苗出齐后,选晴暖天气间苗一次,定苗一次。苗间距离为 2～3 厘米。

用于露地定植的芹菜苗,在 2～3 月份,外界气温日渐增高,苗床在白天应注意通风降温,使温度保持为 15℃～20℃,防止因温度过高而引起秧苗徒长。

定植前,应适当降低苗床温度,保持苗床温度与定植地的温度一致,以提高幼苗的抗寒性和适应性,保证移栽成活率。白天可保持 13℃～15℃,夜间 8℃～10℃。

移栽前应浇一次透水,以利于起苗时少伤根系。秧苗大小与越冬栽培相同。

整个育苗期间,应注意保持苗床夜间气温在8℃以上,特别是4~5片真叶以后,避免幼苗通过春化阶段所需的低温条件,防止先期抽薹,降低产品质量。

(四)定 植

定植前15~20天,保护设施即应扣严塑料薄膜,夜间应加盖草苫,尽量提高地温。

定植期宜早不宜晚,以保证设施内夜间气温不低于8℃时为宜。过早易受冻害,或因温度太低而造成先期抽薹现象。定植过晚,则延缓上市,降低经济效益。

定植前,每667平方米施腐熟的农家肥5000千克以上,施后深翻,耙平,做成1.2~1.5米宽的平畦。

定植应选"暖头寒尾"的晴朗天的上午进行。争取定植后有数天温暖天气,以利于缓苗。

定植方法与越冬芹菜栽培相同。有条件时,应进行地膜覆盖。密度较大的本芹,可先覆盖地膜,在地膜上开孔栽苗。密度较小的西芹,可栽苗后,于行间覆盖地膜。

定植后,要立即扣严塑料薄膜,并在夜间加盖草苫保温。

(五)田间管理

芹菜定植后,利用保温和通风的方法,调节棚内的温度,保持白天为15℃~20℃,夜间在8℃以上。在2~3月份,外界气温渐高,晴天中午棚内经常达到35℃以上的高温,应特别注意通风,防止造成植株徒长而降低产量。在寒潮侵袭时,夜间应加盖草苫保温,防止冷冻害发生。在华北地区,3月份应逐渐加大通风量。在白天外界气温达15℃以上时,完全揭开塑料薄膜,让芹菜接受自然光照。夜间外界温度稳定在8℃以上时,可全部撤除覆盖物,使芹菜完全处于露地环境中。

芹菜春季栽培,幼苗很难不遇低温环境,难免要在低温条件下通过春化阶段。在春季高温、长日照条件下,很容易先期抽薹,从而影响产量和质量。因此,定植后应肥、水齐促,不要进行蹲苗,防止水肥不足或蹲苗抑制营养生长,而加速抽薹开花。定植前期因气温偏低,浇水不宜过多,以免降低地温,影响生长,但要保持畦面湿润,不让其干燥。随着气温的升高,要逐渐增加浇水次数,初期4～5天一次,后期2～3天一次,保持土壤湿润。结合浇水每10～15天追施尿素或复合肥一次,每667平方米施15～20千克。施用大水大肥,会使叶、叶柄旺盛生长。此时即使抽出花薹,由于叶柄粗壮也不会过多影响质量。

春季蚜虫危害严重,应经常注意防治以蚜虫为主的病虫害,方法见病虫害防治部分。

(六)收 获

春季芹菜只要上市早,单价就高,因此宜提早收获上市。在华北地区,5月份的芹菜多数植株已有花薹。如果提早收获,其花薹就短些,质量就稍好一些。所以,只要芹菜长到40～60厘米高,即可采收上市。一般采用连根挖的方式收获。

(七)春季栽培技术日历

该日历适于华北地区。栽培设施为塑料大棚。日期可前后移动5天。

1月1～5日 在风障阳畦或塑料大棚内设育苗畦,白天盖塑料薄膜,夜间加盖草苫保温,提高育苗畦温度。

1月5日 芹菜种浸种催芽。

1月10～12日 芹菜播种。播后及时扣严塑料薄膜,夜间加盖草苫,保持育苗畦20℃～25℃。

1月13～30日 继续保持温度白天为15℃～20℃,夜间为

8℃～10℃。

1月31日至2月10日　继续保持苗床温度白天为15℃～20℃,夜间为8℃～10℃。进行第一次间苗。

2月11～20日　继续保持苗床温度白天为15℃～20℃,夜间为8℃～20℃。浇第一次水,追第一次肥,每公顷施尿素150千克。

2月21日至3月2日　继续保持温度。浇第二次水。

3月3～12日　适当通风,降低温度,白天保持10℃～15℃,夜间为8℃。12日浇大水。

3月3日　塑料大棚扣塑料薄膜,提高棚内温度。并施肥、整地。

3月13～15日　芹菜定植。定植后浇水。扣严塑料薄膜。

3月16～20日　塑料大棚内白天保持20℃左右,夜间为10℃～15℃。浇缓苗水。

3月21～31日　适当通风降温,白天保持为15℃～20℃,夜间为8℃～10℃。中耕松土,并进行蹲苗。

4月1～5日　注意通风,保持白天为15℃～20℃,夜间为8℃～10℃,浇大水一次,并追肥,每公顷施尿225～300千克。

4月6～25日　保持白天外界气温在20℃以上时,掀开塑料薄膜通风。夜间在8℃以上时,进行昼夜通风,或去掉塑料薄膜,转入露地栽培。每3～5天浇一水。4月20日追第二次肥,每公顷施复合肥300千克,西芹应培土2次,并摘除萌蘖2次。

4月26日至5月10日　陆续收获。

三、夏季栽培技术

芹菜夏季栽培,是在断霜后的春末或夏初播种育苗,于夏末或中秋节前后收获的一种栽培方式。这种方式管理简单,无需保护设施,成本低,但病虫害严重,质量较差,一般栽培面积不大。芹菜夏季栽培,是芹菜周年生产、周年供应的一个环节,对解决初秋蔬菜淡季供应具有一定的作用。

近年来,随着蔬菜长途运销业的发展,芹菜夏季栽培生产开始迅速发展。夏季7、8、9三个月,我国江南地区连绵多雨,很不适宜蔬菜生长发育,上海、广州等大城市严重缺乏蔬菜。在这种情况下,山东省许多县、市大量种植的夏芹菜,源源不断地运往上海市场。随着低温冷藏运输技术的提高,夏季芹菜运往广州、香港等市场也取得成功。可以肯定,芹菜的夏季栽培正逐步成为夏季北菜南运的重要菜种之一。

（一）栽培时间

芹菜夏季栽培的播种时间,一般是从当地断霜后开始,直到6月下旬均可播种。其前茬作物的种类,可分为以下两种情况:一是前茬种植菠菜、莴苣和春甘蓝等春早熟绿叶蔬菜,约在5月中旬至6月初收获后,腾出地来栽培芹菜,于7月中旬至9月下旬收获上市。其育苗播种期在3月中旬至4月中旬。二是在6月上中旬收获小麦后,6月中下旬栽培芹菜,于9月上旬至10月上旬收获。其育苗播种期在4月中下旬。两者均在露地育苗。

（二）品种选择

夏季栽培芹菜的整个生育期,都在炎热季节,此期病虫害严重,管理若稍有不当,往往影响芹菜的品质(如纤维增多、叶柄老化等)。因此,应选用耐热、抗病和品质好的速生品种。此期白绿色和黄绿色的品种最佳,这类品种一般脆嫩,纤维少,外观给人以鲜嫩之感。多数空心品种较耐热,夏季生长旺盛,纤维少,因此夏栽芹菜以空心品种为多。目前,常用的品种有平度大叶黄空心芹菜、新泰芹菜和玻璃脆等。近年来,美国芹菜的栽培面积也有扩大的趋势。

（三）育　苗

夏季栽培芹菜多用直播法，近年来开始利用育苗移栽法。育苗为露地做畦，畦宽 1.2～1.5 米。结合浅翻，每 667 平方米施腐熟的有机肥 3 000 千克。

播种前，对种子应进行催芽。一般室温为 15℃～20℃时，种子置室内即可发芽。芹菜种子的处理及催芽方法，参照越冬栽培。

播前育苗畦灌大水，待水渗下后，撒种覆土。芹菜出芽缓慢，幼苗期长，为防止春季高温、干热风或降低地温，应在育苗畦上遮荫。遮荫方法同越冬栽培。苗出齐后，要陆续撤除遮荫物。在播种至出苗前，每隔 1～2 天浇一次小水，保持畦面湿润，保证种子顺利出苗。出苗前如遇热雨，应及时用冷凉的井水串灌降温，以免因缺氧而窒息幼苗。

秧苗出齐后，应经常浇水，一般 2～3 天浇一次，保持地面湿润。结合浇水，追 2～3 次肥，每次每 667 平方米追施尿素 10 千克。

待苗龄达 50 天左右、长出 4～5 片真叶时，即可定植。

（四）直播栽培苗期管理

夏季栽培芹菜采用直播法的较多。栽培地块应选择地势高燥、排灌方便、通风好和土质肥沃的地块。夏季雨多易涝，忌用低洼地。播种前每 667 平方米施腐熟的农家肥 3 000～5 000 千克，施后深翻耙平，做成宽 1.2～1.5 米的平畦。雨水多、地势低洼地，可做成高畦，以便排水。畦长 10～30 米。

这茬芹菜正值雨季，天气炎热，杂草十分严重，又是直播，栽培面积大，除草十分费工。因此，在条件许可时，应用除草剂防治杂草。常用的方法是：在播种后，立即用 33％二甲戊灵的水溶液喷布地表，每 667 平方米用药 130～150 毫升。

播种前应先行浸种催芽。为防止种子携带病菌,传播芹菜斑点病和斑枯病,可用 48℃ 的温水浸种半小时,然后再催芽。浸种温度不能过高,否则会降低发芽率。待种子露白后再播种。

播种可采用撒播法或条播法。条播时先开沟后浇水,撒播时先浇水,待水渗下后再撒种,每 667 平方米播种量为 0.5～0.7 千克。播后覆土 0.5 厘米厚。如播种时天气多雨,也可用干种子直播。

播种后,为防止气温高时干热风吹干吹死种苗,应在栽培畦上加上覆盖物。其覆盖材料和方法,同越冬栽培育苗畦。

待芹菜苗出齐后,应陆续撤除遮荫物。播种至出苗每隔 1～2 天,浇一次小水,保持畦面湿润。如遇热雨,应及时用冷凉的井水串灌降温。

苗期每 2～3 天浇一次水,保持土壤湿润。苗出齐后,每 10～15 天结合浇水追施化肥一次,每次每 667 平方米追施尿素 5～10 千克。

遇大雨应及时排水防涝。苗期蚜虫严重,并常有斑枯病及斑点病危害,应及时防治。防治方法见病虫害防治部分。

在幼苗 1～2 片真叶时,进行第一次间苗,苗距 2～3 厘米。在 4～5 片真叶时进行定苗。

播种时如未用除草剂,则应及时进行人工拔草。拔草应做到拔早、拔小、拔了,切勿待草长大后增加拔草困难,以防拔大草伤苗。

(五)田间管理

直播栽培时,经定苗后即进入田间管理。育苗移栽者需进行定植。定植方法同越冬栽培。

定苗或定植的株行距,与越冬栽培相同。本芹株行距为 10～15 厘米×10～15 厘米,每 667 平方米保苗 3.2 万～3.5 万株,西芹为 25～30 厘米×40 厘米,每 667 平方米保苗 6 000～7 000 株。夏季芹菜生长旺盛,如希望提高单株重,用以作高档销售,可适当稀植一些。

夏季栽培芹菜要重视肥水管理,整个生长期要肥水猛攻,不能蹲苗。否则,很容易干旱缺肥,影响生长发育,并使纤维增多,降低品质。干旱时每 2～3 天浇一次水。浇水应在早上或傍晚进行。浇水可保持土壤湿润状态,促进芹菜旺盛生长,还有降低地温的作用,造成有利于芹菜生长的小气候。遇大雨应及时排水防涝,遇热雨应及时浇冷凉的井水降温,并增加水中的含氧量,防止热雨使植株根系窒息。整个生长期应及时追肥。追肥应掌握"多次少量"的原则,每 10～15 天一次,每次每 667 平方米施尿素或复合肥 10～12 千克,可随水冲施,直到收获前15～20 天停肥。在芹菜生长期,忌施用人粪尿等农家肥,否则会引起心叶烘心或烂根。

生长前期,可进行中耕 1～2 次。中耕宜浅,勿伤根系或茎叶。结合中耕应及时拔草,勿使草大压苗。

夏季芹菜蚜虫发生严重,斑枯病、斑点病、病毒病和黑心病等病害也十分严重,应注意及时防治。防治方法见病虫害防治部分。

(六)收 获

夏季栽培芹菜的收获期不严格,只要市场需要就可收获上市。夏季蔬菜较多,市场较旺,价格较低。因此,收获时应注意市场需求,及时采收上市。

收获有如下 4 种方法:

1. 连根掘收

即在芹菜长到 40～60 厘米高,有商品价值时,一次性收获。挖出根部,洗净扎捆,包装上市。

2. 掰 收

根据市场需要掰收具有商品价值的叶柄,每株一次掰 3～4 片叶。掰后洗净捆把上市。田间等 2～3 天后,植株伤口愈合,再浇水追肥,进入正常管理。约 20～25 天又可进行第二次掰收。夏季芹菜掰收 2 次后,即连根掘收。

3. 间拔收获

田间栽植密度较大时,可分 2～3 次间拔长大的、具有商品价值的成株上市。留下小株继续长,待长大后再间拔上市。

4. 割 收

又叫再生栽培法。在芹菜长成后,用利刀割取地上部分扎捆上市。割茬勿伤及根颈部上的生长点。割后立即拔草,清理枯叶,并进行浅松土。约 3～4 天,植株伤口愈合后,新芽长出 9～10 厘米高,再培细土,并浇水追肥。通过精细管理,20～25 天后即可连根掘收。

上述四种收获方法的选用,要根据市场需求而定。如当地蔬菜紧缺,价格较高时,可考虑采用割收、间拔收获或掰收的方法。如市场蔬菜多,价格低廉,则以连根掘收为宜。

四、秋季栽培技术

芹菜秋季栽培,是指在夏末播种,秋季生长,秋末初冬收获的一种栽培方式。这种方式又分为两种:一是初冬收获后立即上市,或贮藏至冬季上市;二是初冬在保护设施内继续生长至冬季上市。后一种方式又称秋延迟栽培。这种方式栽培的芹菜,后期生长在冷凉的秋季,生长旺盛,产量高,品质好;上市期又值叶菜缺乏的冬季,经济效益可观。因此,广大菜农一直很重视。它是芹菜栽培面积最大的一茬。

(一)栽培设施与时间

进行芹菜秋季露地栽培,使芹菜在秋末冬初上市或冬贮后上市。在华北地区进行芹菜秋季露地栽培,一般在 6 月下旬至 7 月中旬播种育苗,8 月中下旬定植在露地,10 月上中旬至 11 月上旬收获,经冬贮后于元旦前后上市。

秋延迟栽培,是在 7 月下旬至 8 月上旬播种育苗,9 月上中旬定植,10 月份利用塑料大、中、小棚,或风障阳畦,进行保护栽培,至元旦前上市。

进行秋延迟栽培时,芹菜在保护设施内的时间较短,且外界气温不算低,因此,无需用保温性能好的保护设施。塑料大、中、小棚上面盖不盖草苫均行。也有用散麦草在夜间堆积覆盖的,效果也很好。

(二)品种选择

秋季栽培时,芹菜苗期处在高温多雨的夏季,后期生长在温度较低的初冬。这就要求选用既耐热又耐寒,生长期长,适宜贮藏,抗病,纤维少,不空心,品质优良的品种。目前,常用的品种有天津白庙芹菜、天津黄苗芹菜、意大利夏芹、玻璃脆和美国芹菜等。

秋季栽培的芹菜大多于冬季上市,冬季绿叶蔬菜缺乏,人们又偏爱绿色蔬菜,所以选用的品种以绿色品种为佳。

(三)育   苗

1. 播种期

秋季栽培芹菜的播种期在华北地区是 6 月下旬至 8 月上旬。播种期若再提前,就与夏季栽培同期了,不便于贮藏越冬,且经济效益降低。播种期过晚,在严寒天气来临前,芹菜尚未完全长足,产量则受影响。在天气或保护设施内温度条件允许的情况下,芹菜适当晚播,晚收获,有利于提高价格,增加经济效益。

2. 种子处理

秋季栽培所用的芹菜种子,必须利用头年的陈种子。如有当年的新种子,应试验其有无休眠期。有些芹菜种子有 1～2 个月的休眠期,而在休眠期中很难发芽。为了打破其休眠期,可用 1%硫脲液浸种 10～12 小时,以促进发芽。

种子的催芽方法,同越冬栽培。应注意的是,催芽期正值炎夏,很难保证种子 15℃～20℃发芽所需的适温,所以尽量把种子放在阴凉的地下室、地窖或井筒子里,经 5～7 天即可出芽。

3. 整地与做畦

育苗期正值雨季,所以育苗畦必须选择地势高燥、易灌能排、土质疏松、肥沃的地块。能防涝排水是首要的条件。畦内每 667 平方米施腐熟的农家肥 3 000～4 000 千克,施后浅翻,整平,做成宽 1.2～1.5 米的平畦或小高畦。做畦前取出部分畦土,过筛备作覆土。芹菜苗期很长,恰逢高温雨季,杂草危害十分严重。播种前必须施用除草剂防治杂草。一般在播种后,立即用 33%二甲戊灵的水溶液喷布地表,每 667 平方米用药 130～150 毫克。

4. 播　种

播种应选在阴天或傍晚,切忌中午或晴天播种,以防烈日灼伤幼芽。播前畦浇大水,水渗下后,把已出芽的种子混细沙后,均匀撒播在畦内,覆土 0.5～1.0 厘米厚。每 667 平方米用种量为 1.0～1.5 千克,可定植 2 000～2 667 平方米。

为降低地温,防止烈日灼伤幼苗和大雨冲淋,播种后应采取各种方法在苗畦上遮荫。常用的遮荫方法有秸秆、苇蒲、草帘覆盖等,也可用废旧的塑料薄膜或遮阳网搭棚。如无上述条件,可在畦内铺 2～5 厘米厚的麦草遮荫。幼苗出土后,及时陆续撤除遮荫物。

5. 苗期管理

出苗前应经常浇小水,一般 1～2 天浇一次,保持畦面湿润,严防畦面干燥,板结,幼苗旱死。幼苗出土后,仍需经常浇水,每 2～3 天浇一次,保持畦面见湿不见干,以供给幼苗生长充足的水分。

大雨后要及时排除积水,防止涝害淹死幼苗。遇热雨应及时用冷凉的井水串灌降温,并补充水中氧气,防止根系窒息死亡。

在幼苗2~3片真叶时,结合浇水,可冲施尿素,每667平方米用量为10~12千克。

在芹菜1~2片真叶时,进行第一次间苗,间除并生、过密、病虫害苗及弱苗,保持苗距为1~2厘米。在3~4片真叶时定苗,苗距保持为2~3厘米。

苗期杂草危害十分严重,应结合间苗人工拔草2~3次,尽量做到拔早、拔小、拔了,防止草大压苗,或拔大草伤苗。

苗期病虫害十分严重,应及时喷药防治蚜虫、斑枯病、斑点病和病毒病等病虫害。方法参照病虫害防治部分。

待苗长到15~20厘米、4~6片真叶时,即可定植。苗龄约45~55天。

(四)定 植

芹菜秋季栽培的定植期,为8月中下旬至9月上中旬。定植地块一定要选择地势高燥、易灌能排、肥沃的壤土、黏壤土地块。每667平方米施5 000千克腐熟的农家肥,深翻,耙平,做成1.2~1.5米宽的平畦或小高畦。

栽植宜在阴天或下午4~5时以后进行,避开高温、日灼,以减少幼苗水分过度蒸发而萎蔫,以利于提高成活率。栽植宜浅不宜深,以露出心叶为宜。栽植过深,易引起腐烂死苗。株行距以12~13厘米见方为宜,每667平方米保苗3.5万株左右。栽后立即浇水。

(五)田间管理

芹菜定植后15天左右,处于缓苗期。缓苗初期,每隔2~3天浇一次水,以保持土壤湿润,降低地温,促进缓苗。芹菜缓苗后,开始缓慢生长,为促使新根下扎和新叶的发生,应适当控制水分,进行蹲苗。蹲苗5~7天,不浇或少浇水,保持土壤地表干燥而地下10厘米处湿润。使土壤含水量稍少,促进根系发育和新叶分化,为植株旺盛生长打下基础。

芹菜旺盛生长期,是指从新叶大部分长出到植株收获,约需50天,是芹菜产量形成的主要时期。这时秋季气候凉爽,很适合芹菜营养生长。经蹲苗后,植株根系很发达,吸收力增强。因此,应充分供应水肥。蹲苗结束后,应立即随水冲施复合肥,用量为每667平方米10~15千克。以后每隔10天,每667平方米冲施尿素或复合肥10千克,共追肥4次,于收获前20天停止。每3~4天浇一次水,后期每5~7天浇一次水,收获前5~7天停水,一直使土壤保持湿润状态。

夏秋季病虫害十分严重,应及时防治蚜虫、病毒病、斑枯病和斑点病等,并及时拔草,防止杂草危害。

秋延迟栽培的芹菜,在10月中下旬早霜来临前即应建棚,夜间扣塑料薄膜,白天通风。随着外界气温的下降,逐渐减少通风,扣严塑料薄膜,并在夜间加盖草苫。保持白天棚内温度为15℃~20℃,夜间为5℃~8℃。待到天气寒冷,棚内经常出现-3℃的低温时,为防止芹菜冻害,即应收获上市或转入贮藏。在棚内生长期,由于蒸发量少,可适当减少浇水及追肥次数,保持土壤湿润即可。

(六)收 获

秋季芹菜的价格是收获越晚,单价越高。因此,适当晚收,有利于提高经济效益。一定要待植株长到充分大,产量最高时收获。有条件时,应进行贮藏后再上市。具体的方法见贮藏保鲜部分。

(七)秋季栽培技术日历

该日历适于华北地区。栽培设施为塑料大棚。日期可前后移动5天。

7月25日　芹菜种子催芽。建育苗畦，畦上设遮荫材料。

7月31日　苗床浇水，播种，并进行遮荫。

8月1～10日　每1～2天在苗床上喷水或浇水一次，保持苗床土壤湿润。

8月11～20日　每2～4天浇一次水，保持土壤湿润。间苗一次，并拔小苗。

8月21～31日　拔草一次。每2～4天浇一次水。每公顷追施尿素105～150千克。

9月1～7日　定苗，苗株行距为2～3厘米。每2～4天浇一次水，追施尿素每公顷105～150千克。拔草一次。

9月8～15日　每5～7天浇一次水，保持土壤见干见湿。喷乐果乳油1 000倍液和杀菌剂一次。

9月16～20日　在塑料大棚中定植芹菜苗。定植后及时浇水。

9月21～24日　浇缓苗水一次。

9月25～30日　每3～5天浇一次水，保持土壤湿润。

10月1～8日　深中耕一次，进行蹲苗。

10月9～10日　每公顷追施人粪、尿7 500千克，或复合肥300千克。每5～7天浇一次水，保持土壤见干见湿。

10月11～20日　每5～7天浇一次水。

10月21～31日　大棚扣塑料薄膜，白天通风，保持15℃～20℃，夜间扣严塑料薄膜，保持6℃～10℃。每3～5天浇一次水，保持土壤湿润。追施复合肥或尿素。每公顷225～300千克。

11月1～15日　加强覆盖，白天保持15℃～20℃，夜间为

6℃～10℃。每 10 天浇一次水,保持土壤湿润。

　　11 月 16～20 日　　每 10 天浇一次水,每公顷追施复合肥 300 千克。继续保持适宜温度。

　　11 月 21 日至 12 月 10 日　　每 15 天浇一次水。保持白天温度为 15℃左右,夜间在 0℃以上。

　　12 月上中旬　　收获芹菜。

五、贮根越冬栽培技术

　　在东北、西北等高寒地区,冬季异常寒冷,在阳畦和日光温室中维持不了芹菜生长发育所需的最低温度。因此,不能利用一般的栽培措施进行越冬栽培。通常是春末育苗,初秋收获,春、夏季则是芹菜供应的空白期。为解决这一问题,多采用芹菜贮根越冬栽培。这一方法的操作过程如下:

　　芹菜于 6 月上中旬直播,播前可催芽,也可不用催芽。干籽直播后,畦面应覆盖一层青草,以减少水分蒸发,保持畦面湿润。出苗后,及时撤除覆草。结合拔草,间苗 1～2 次,最后定苗,株行距为 10 厘米,每 667 平方米 6 万株左右。苗期追肥 1～2 次,每次每 667 平方米追施尿素 10 千克。秧苗 6 片叶时,人工划锄中耕,蹲苗 5～7 天。蹲苗结束后,大施追肥,每 667 平方米施复合肥 15 千克,随水冲施。在旺盛生长期,每 5～7 天浇一次水,每隔一水追一次尿素,每次 10 千克,共追 2～3 次。9 月下旬开始掰叶收获,每 20 天掰叶一次,约收两次。在 10 月中下旬土壤结冻前掰去大叶,只保留 5～10 厘米高的心叶,然后连根刨出。刨根时,应尽量保持根系完整,防止过多伤根。刨出后,淘汰伤、断、病、弱植株,将健株入窖贮存。

　　高寒地区的贮藏窖,一般是地下式的。挖入地下深 1.5～2.0 米,宽 5～6 米,长 20～30 米,顶部用木梁支撑,上覆秸秆及土,厚

1.5 米。窖口设在顶部。在冬季-30℃的严寒条件下,贮藏窖仍可保持 0℃~3℃的温度。

刨出的芹菜根入窖初期,应摊开降温,并保持空气相对湿度在 95% 以上。待窖温稳定在 0℃~5℃时,把根密集地假植在湿润的土中,使整个冬季保持土壤湿润,温度保持在 0℃~5℃。严防窖内温度忽上忽下和高温潮湿,以免造成烂根。温度高时,应加大通风口;温度低时,则应在窖内加温。

春季土壤解冻后,约在 4 月中下旬,立即施肥整地。每 667 平方米施腐熟的农家肥 5 000 千克以上。施肥后深翻做畦。定植时,开沟或挖穴栽根,深度以露出心叶为宜。定植密度为每 667 平方米 4 万~5 万株,株行距为 10~13 厘米。定植时如果土壤湿润,可暂不浇水,以迅速提高地温,促进萌发。如土壤干旱,可立即浇水。为迅速提高地温,促进芹菜萌发,可在畦上搭设小拱棚,覆盖塑料薄膜。

春季气温与地温都低,为提高地温应少浇水,多松土。经过 45 天左右,即可开始掰叶收获。收获掰叶 2~3 次后,由于花薹伸长,即不宜采收食用。

六、软化栽培技术

使植株在完全或部分避光的条件下生长发育,称为软化栽培技术。软化栽培的芹菜,叶柄变得柔嫩、细腻、色泽洁白、纤维减少,而受人们青睐,经济效益也远比一般芹菜高。

(一)栽培时间

在华北地区,于 6 月下旬至 7 月中旬播种育苗,8 月中旬定植,11 月上旬收获上市,也可贮于阳畦、深沟或冷窖内,于冬季陆续上市。

（二）品种选择

应选用耐寒性强、叶柄充实、不易老化、纤维少、品质好、株型大、抗病、适性强的品种。由于收获期较长，且采收越晚，价格越高，所以，无须速生品种，宜选用生长缓慢、耐贮藏的品种。目前常用的品种，有美国芹菜、津南实芹1号、天津黄苗、玻璃脆和意大利冬芹等。

（三）育　苗

1. 建育苗床

育苗床应选择地势高、易灌能排、土质疏松肥沃的地块。苗期正值雨季，做畦时一定设排水沟防涝。畦内每公顷施腐熟的有机肥45 000～75 000千克，然后浅翻、耙平，做成宽1.2～1.5米的平畦或高畦。在蚯蚓危害严重的地块，可在整地前，每公顷灌氨水300千克左右。

芹菜苗期较长，加上天热多雨，杂草危害十分严重。有条件时可施用除草剂防治杂草。常用的方法是：在播种后立即用33％二甲戊灵的水溶液喷布地表，每667平方米用药130～150毫升。

2. 种子处理

芹菜种子发芽缓慢，必须催芽后才能播种。如果用干籽播种，在漫长的出芽期需经常浇水和拔草，要耗费大量人工。先用凉水浸泡种子24小时，后清水冲洗，揉搓3～4次，将种子表皮搓破，以利发芽。为了促进种子萌发，提高发芽率，达到苗齐、苗壮、根系发达，浸种可使用天然芸薹素——硕丰481。具体做法是，用5克天然芸薹素内酯，加水30升，浸种24小时即可。种子捞出后用纱布包好，放在15℃～20℃的冷凉处催芽。

催芽期正值炎夏高温期。温度过高，不利于种子发芽。因此，应把种子放在井中、地下室等阴凉的地方。每天用凉水冲洗1～2

次,并经常翻动和见光。经过 6～10 天即可发芽。待 80% 的种子出芽时,即可播种。

育苗期易发生斑枯病、叶枯病等病害,为防止种子带菌,可用 48℃～49℃ 的温水浸种 30 分钟,以消灭种子携带的病菌。

很多品种的芹菜种子,在收获后有 1～2 个月休眠期。如果用的是当年采收的新种子,尚处在休眠期中,必须用 1% 的硫脲浸种 10～12 小时,以打破休眠,促进发芽。

3. 播 种

播种应选在阴天或傍晚凉爽的时间,切忌夏日中午播种,以防烈日灼伤幼芽。播前畦内要浇足底水,水渗下后,将出芽的种子掺少量细沙或细土拌匀,均匀撒在畦内。然后覆土 0.5～1 厘米厚。每公顷用种量为 15～22.5 千克。

4. 苗期管理

芹菜苗期正值炎热多雨季节,为了降低地温,防止烈日灼伤幼苗和大雨冲淋,播种后应采取各种方法在苗床上遮荫。常用的遮荫方法用:用玉米秸、苇箔、草帘子搭在畦埂上遮荫;或用竹竿等做成小拱,在上面覆塑料膜遮荫;有条件时,用遮阳网遮荫最佳。在细苗出土后,2～3 片真叶期陆续撤去遮荫物。幼苗出土前应经常浇小水,一般是 1～2 天浇一次,保持畦面湿润,以利幼芽出土。严防畦面干燥,旱死幼苗。

幼苗出土后,仍需经常浇水。一般 3～4 天浇一次。天热干旱时,1～2 天浇一次,以保持畦面湿润,降低地温和气温。雨后应及时排水,防止涝害。遇热雨应浇冷凉的井水降温,防止高温雨水造成根系窒息。

芹菜长出 1～2 片真叶时,进行第一次间苗。间拔并生、过密、细弱的细苗。在长出 3～4 片真叶时定苗,苗距 2～3 厘米。结合间苗,及时拔草。

在幼苗 2～3 片真叶时追第一次肥。每公顷施尿素 100～150

千克。15～20 天后追第二次肥,每公顷施尿素 150～225 千克。

苗期根系浅,浇水后有的根系露出。可在浇水后,覆细土 1～2 次,把露出的根系盖住。

苗期一定要喷布天然芸薹素内酯一次。用 5 克加水 50 升,喷布叶面,以促进幼苗生长发育。

苗期蚜虫危害严重,而且易发生斑枯病和斑点病,应及时喷药防治。

定植前 15 天,应减少浇水,锻炼秧苗,提高其适应能力。本芹秋延迟栽培定植前的壮苗标准是:苗龄 50～60 天,苗高 15 厘米左右,5～6 片真叶,茎粗 0.3～0.5 厘米,叶色鲜绿,无黄叶,根系大而白。

(四)定　植

定植前,应及早把前茬作物的残株清理出田外。每公顷施优质腐熟的有机肥 75 000 千克,另混入过磷酸钙 750 千克。然后深翻,耙平,做成宽 1～1.5 米的平畦。

栽植前,育苗床应浇透水,以便起苗时多带宿土,少伤根系。定植应选阴天或晴天的傍晚进行,防止中午高温日灼伤害幼苗,降低定植成活率。

定植株行距一般为 12 厘米×13 厘米。单株较大的品种,如美国芹菜,株行距为 16 厘米×16 厘米。根据行距开深 5～8 厘米的沟,按株距单株栽苗。每公顷保苗 45～60 万株。

栽植深度以埋没短缩茎为宜。既不要过深埋没心叶,也不要让根系露出地表。定植后立即浇水。

(五)田间管理

定植后 4～5 天浇缓苗水。地表稍干后即可中耕,以利发根。以后每 3～5 天浇水一次,保持土壤湿润,降低地温,促进缓苗。定

植 15 天后，缓苗期已过，即可深中耕、除草，进行蹲苗。蹲苗 5～7
天，使土壤疏松、干燥，促进根系下扎和新叶分化，为植株的旺盛生
长打下基础。待植株粗壮，叶片颜色浓绿，新根扩大后结束蹲苗，
再行浇水。以后每 5～7 天浇一次水，保持地表见干见湿。

定植后一个月左右，植株已长到 30 厘米左右，新叶分化、根系
生长和叶面积扩大，进入旺盛生长时期。此时正值秋季凉爽、日照
充足季节，外界条件很适合芹菜的生长。加上蹲苗后根系发达，吸
收力增强。因此，在管理上应加大水肥供应，一般每 3～4 天浇一
次水，保持地表湿润。蹲苗结束后追第一次肥，每公顷随水冲施人
粪尿 7 500 千克，或复合肥 225～300 千克，以后每隔 10～15 天每
公顷随水冲施尿素或复合肥 225～300 千克，于收获前 20 天停止
追肥。

芹菜定植前期外界温度较高，浇水量宜大。待后期，外界气温
渐低，土壤蒸发量很小，浇水次数应逐渐减少，浇水量也应逐渐降
低。这一时期浇水次数减少，追肥也相继减少。如后期缺肥，叶片
黄化时，可根外喷施 0.3％尿素或复合肥 2～3 次。

（六）培土软化，适时收获

培土软化的方法有下列三种：

1. 培 土 法

当芹菜植株高达 50 厘米左右时，即可培土软化。培土前，每
公顷追施尿素 150 千克，人畜粪水 10 000 千克，然后将定植沟拉
平，隔5～7 天后培土。培土时先将植株理直，用铁锨将植株两旁
的泥土挖起，向植株培紧，先培基部，逐步向上，直到离顶部 10～
13 厘米时为止。边培边用铁锨将土拍紧实，直到土面光滑整齐、
厚薄一样、高低一致、没有空隙为止。培土后的芹菜若遇风雪，需
在培土垄上覆盖麦秸或稻草等，并于雪停后及时扫除，以防雪水渗
入造成腐烂。

2. 围板培土法

在培土时,顺行拉一细绳,把芹菜一侧的叶片拢至另一侧。距芹菜行 10 厘米左右横放一块高 30～40 厘米的木板。后向木板一侧内添土。用同样方法,在另一侧添土。此法解决了第一种培土方法土易滑落的缺点。其他注意问题同培土法。

3. 整体软化法

采收前 15～20 天,在栽培畦上方,搭拱架,上覆草帘,或遮阳网,降低光照强度,进行整株软化。

一般 10 月底前培土软化的芹菜,经 10～15 天即可采收。10月份以后气温下降,需 20～30 天才能采收。用阳畦等覆盖,软化栽培的芹菜采收期可延续到元旦和春节前后。

七、轮作倒茬、间作套种与立体栽培技术

(一)轮作倒茬

轮作是指在同一块菜地上,在一定年限内,按照一定顺序,轮换种植几种作物的做法。轮作可以均衡土壤中的养分,减轻病虫害,改良土壤结构;有利于提高产品的产量与质量。连作是在同一块土地上连年栽培同一种作物。轮作的优点,就在于克服了连作所产生的弊端。轮作需要轮流种植几种不同的蔬菜,这就要求菜农掌握多种栽培技术,有较多的销售渠道。而连作要求的技术单一,容易掌握,便于提高,销售渠道也较固定。所以,从土地的利用率来看应注意轮作,而从管理上看,则连作更有利。目前我国人多地少,应该科学地充分利用地力,多生产优质蔬菜,因此,应注意轮作倒茬。

适于作芹菜前茬的作物很多,有豆科、茄科、瓜类作物和百合科等多种蔬菜。绝大多数蔬菜种类均宜作芹菜的前茬。同样,绝

大多数蔬菜种类也适于作芹菜的后茬。因此,芹菜在轮作中的地位很容易安排。

芹菜较耐连作。只要施足了农家肥,土壤中没有严重的病虫害,连作对芹菜产量、质量的影响不很明显。

芹菜较耐寒,在保护地栽培中是很好的越冬茬。凡在保护设施中,寒冬不能种其他喜温蔬菜时,即可种植芹菜。利用塑料大、中、小棚等保温性能稍差的设施,在栽培春早熟或秋延迟喜温蔬菜时,冬季栽培芹菜最适宜。

芹菜是矮秧蔬菜,一些低矮的保护设施如风障阳畦、塑料小拱棚等较适宜栽培,是这类保护设施栽培蔬菜的好茬口。

因此,在可能的情况下,对芹菜施行轮作倒茬是有益的。如条件不许可或受销售市场的局限,亦可进行连作。

(二)间作与套种

间作是两种或两种以上蔬菜作物隔畦、隔行或隔株有规律地栽种的种植制度。

套种是在一种作物的生育后期,于行间或株间栽种另一种作物的种植制度。

间作、套种能建立合理的植物群体结构,提高光能利用率;充分利用地力;改善田间小气候。间作是在同一时间内对地力、气候资源的有效利用;套种是有效地利用时间资源。通过间作和套种,可以达到在单位生产面积上,或在一个生产周期内,多次地种植与收获,有效地增加复种指数,提高土地利用率的目的。合理的间作与套种,不仅能最大限度地满足作物生长发育对环境条件的要求,达到高产、优质的栽培目的,还可以有效地调节蔬菜生产供应季节,解决蔬菜淡、旺季问题,实现蔬菜的周年均衡供应。

芹菜较耐弱光,很适宜与高秧蔬菜进行间作或套种。在黄瓜、番茄的春早熟或秋延迟栽培中,为了充分利用前期较大的行距空间的地力,可提前定植芹菜,或进行隔畦、隔行间套作。这样的间、套作可以使黄瓜、番茄有更充足的光照,而芹菜的生长发育又不致受影响,两者皆能良好地生长发育。

在黄瓜和番茄春早熟栽培中,可提早定植芹菜。在芹菜收获前期套种上黄瓜和番茄,可达到多收一茬芹菜的目的。

(三)立体栽培

蔬菜立体栽培,是根据栽培的环境条件和不同蔬菜作物对环境条件的不同要求,充分利用不同作物生育期长短的时间差,植株生长高矮的空间差,根系分布深浅的层次差,以及营养与环境条件要求不同的营养差、温度差和光照差等,通过不同蔬菜作物的间作、套种和分层栽培,形成合理的复合群体结构,最大限度地发挥土地和栽培设施的生产潜力,充分利用时间、空间、地力和光、热、气等自然资源,提高单位面积上的蔬菜产量与产值,达到高产、优质、低耗、高效率、高效益的目的。立体栽培实际上是在同一土地面积上进行多种类、多品种蔬菜的交错种植与分层种植,以便生产更多的蔬菜产品。立体栽培着重于最大限度地开发利用空间。

立体栽培是目前保护地栽培中,提高经济效益的最重要的措施之一。芹菜株形矮,又耐弱光,很适宜与其他高秧作物进行立体栽培。常用的立体栽培方式,如上层空间长番茄和黄瓜,下层空间种芹菜;玉米地里套种芹菜等。

(四)轮作、间作、套种与立体栽培模式

1. 大蒜间作越冬菠菜,套种冬瓜、芹菜的模式

该模式采用平畦,大畦宽 1.5 米,小畦宽 80 厘米。9 月下旬至 10 月上旬,于大畦内栽大蒜,小畦内种越冬菠菜。翌年春季越冬菠菜收获后,于 4 月下旬种冬瓜。6 月上、中旬收大蒜后种芹菜。冬瓜割秧后种秋芹菜。

2. 早熟番茄间作冬瓜,复种秋芹菜

建大畦宽 1.2 米,小畦宽 60 厘米。番茄于 3 月下旬定植在大畦内,并搭架。5 月上旬定植冬瓜在小畦内。番茄收获后令冬瓜爬架。到秋季全部种芹菜。

3. 茄子间作春结球甘蓝,套种耐热大白菜,复种芹菜

茄子与春结球甘蓝均采用小拱棚栽培,畦宽 80 厘米,隔畦栽植。春结球甘蓝收获后隔畦种植耐热大白菜。全部收获后种秋芹菜。

4. 春结球甘蓝间作白菜,黄瓜间作芹菜、秋延迟番茄

在阳畦区内,早春整地做成 1.5 米宽的畦,2 畦白菜为 1 组,与 1 畦结球甘蓝间作。白菜于 2 月中旬定植,3 月下旬至 4 月上旬收获,收获后种黄瓜。3 月下旬定植结球甘蓝,5 月下旬至 6 月上旬收获后播种芹菜。8 月中下旬黄瓜拉秧后北面 1 畦种秋菠菜,另 1 畦种秋延迟番茄。

5. 小麦套种春玉米、套种夏玉米、套种芹菜

按 276 厘米为 1 带,畦埂宽 66 厘米,畦面宽 210 厘米,内种 8 行小麦,中间留 40 厘米宽的套种行。翌年 4 月份畦埂套种 1 行春玉米。小麦收获前 10～15 天,在小麦畦的套种行内种 1 行夏玉米。小麦收获后在畦内栽芹菜。

6. 越冬芹菜、菠菜、分葱等间作低温平菇—早春黄瓜间作甘蓝、花椰菜—夏季豇豆间作草菇,1 年 6 作 6 收

在塑料大棚内做高、低畦。高畦宽 80 厘米,低畦宽 60 厘米,深 20 厘米,两条畦埂各宽 20 厘米。10 月中旬芹菜定植在高畦上,11 月上旬把平菇接种在低畦内。扣棚越冬。2 月份收获芹菜,然后定植甘蓝或花椰菜。2 月份出平菇,3 月中下旬在平菇畦上种黄瓜或番茄。5 月上中旬收获甘蓝或花椰菜,然后做成高畦,栽植草菇。6 月下旬在黄瓜植株旁边套种夏豇豆。9 月初收完豇豆。草菇可连种 2～3 茬。

7. 春早矮、密黄瓜或番茄—夏豇豆间作草菇—秋黄瓜或番茄间作芹菜,1 年 3 茬 6 作 6 收

在塑料大棚内,3 月上中旬定植黄瓜或番茄,利用加行高矮秧密植技术。6 月中旬拉秧,夏豇豆与草菇隔畦种植。第三茬草菇畦种秋黄瓜或番茄,豇豆畦种芹菜。

8. 大棚黄瓜间作佛手瓜,套种秋芹菜

早春大棚种春早熟黄瓜,4 月份定植佛手瓜。8 月份黄瓜拉秧,定植秋芹菜。10 月中下旬佛手瓜、芹菜一起收获。

9. 葡萄间作芹菜,套种春黄瓜或番茄

塑料大棚中定植葡萄,行距 1.5～2.0 米。冬季 11 月上中旬定植芹菜,翌年 3 月份收获。3 月份定植春黄瓜或番茄,5 月底拉秧。

10. 冬芹菜、早春黄瓜,套种夏豇豆、秋番茄

在保温性能稍差的日光温室中,9 月下旬定植越冬芹菜,翌年 2 月份收获。2 月中下旬定植春黄瓜,6 月下旬拉秧。5 月下旬在黄瓜架下点种豇豆,9 月份拉秧,接种秋番茄。

八、无土栽培技术

很多老蔬菜区利用保护设施进行芹菜越冬栽培,已有多年的历史。由于塑料大棚、日光温室等设施建造较麻烦,搬迁困难,所以连作造成的生育不良、病虫害严重和产量下降等问题越来越严重,给芹菜生产带来巨大的损失。为解决以上问题,目前比较可行有效的办法是采用无土栽培技术。

(一)无土栽培的意义

1. 解决连作障碍

无土栽培所用的基质容易更换,便于清洗和消毒,解决了土壤连作产生的有害物质和微生物积累而导致的障害。只要管理得当,在同一温室内利用无土栽培,可连作多年而不会减产。

2. 产量高,品质好

无土栽培解决了土壤栽培中不易解决的水分、空气与养分三者供应的矛盾,肥水充足,使芹菜根系处在最适宜的环境条件下。因而植株生长旺盛,产量高,品质好。利用无土栽培,便于采用立体种植模式,这也为提高产量打下了基础。

3. 节约肥水

在无土栽培中,避免了水、肥下渗与侧漏损失,余液还可回收重复利用。一般情况下可节约用水 8 成,节约用肥 2～5 成。

4. 病虫害少,产品清洁卫生

无土栽培的芹菜生长健壮,抗病力强,病害较轻,还有效地防止了一些土传病害的发生,所以病虫害很少,施药次数大大减少。这不仅降低了生产成本,而且减轻了农药残毒对人体的危害。无土栽培不使用人粪、尿等农家肥,避免了寄生虫和不良气体的污染。因此,产品更清洁卫生。

(二)无土栽培的增产原理

1. 通气条件良好

无土栽培所用的基质,如沙石、蛭石、岩棉、珍珠岩和炉渣等,其空隙度是一般土壤的 2～4 倍,本身含空气量很大,加上持水力小,在浇营养液时,水和空气所占时间交换很快。所以,空气含量充足,为根系生长提供了优越的通气条件。

2. 水分充足适宜

土壤栽培中,为考虑土壤中空气含量和地温状况,有时不能不限制水分供应。因而,芹菜根系时常处在旱涝不均的状态中。在无土栽培中,水分是定量、定时的供应,不仅创造了适宜的其他环境条件,而且充分满足了芹菜对水分的需求。

3. 营养充足

无土栽培是根据芹菜不同生育期的需求,提供所需的各种营养,加上根系的生育环境良好,所以营养充足,使其朝着有利于增产的方向发展。

(三)无土栽培的设施与材料

芹菜无土栽培需在塑料大棚、日光温室中进行。此外,还需如下材料和设施:

1. 容　器

目前,常用的大面积栽培容器为简易栽培槽。栽培槽为宽1.0~1.2米、埂高15~20厘米的平畦或半地下畦。畦底铺不透水的塑料薄膜1~2层,薄膜伸出畦外10~20厘米。有条件时,栽培槽也可用水泥、塑料硬板、玻璃钢和铁皮等制成,内铺塑料薄膜或油毡纸,长度以5~6米为宜。在日光温室中南北向设置,在塑料大棚中东西向设置。所有的栽培畦应一头高,一头低,高低差5~10厘米,以便营养液的回收和再利用。

小面积生产时,可用栽培钵进行无土栽培。栽培钵有陶瓷钵,其高40厘米,直径30厘米,底部设排水口;也可用直径为35厘米的塑料袋做成的筒状栽培钵。

2. 基　质

基质放入栽培槽内,或装入栽培钵内,用以支持植株生育,固定根系和提供根系生长发育所需的营养。基质的选用要求就地取材,成本低廉,水浸条件下化学性质稳定,质量轻,孔隙度大,不吸附营养元素,不带或少带有害微生物者。目前常用的有煤渣(需用5毫米的筛子过筛)、炭化稻壳、蛭石、珍珠岩和河沙等。

3. 营养液

芹菜生长发育所需的全部营养和水,均由营养液供给。营养液的配制应注意如下几点:

第一,营养液中应完全具备蔬菜所需的各种大量和微量元素,且能溶解在水中;第二,营养液浓度适宜,理化性质有助于根系吸收,不含有害物质;第三,不同的芹菜生育期,营养液的成分、含量有所不同;第四,利用的水应较纯净,忌含钠、氯离子太多;第五,氮肥以硝态氮为主,铵态氮用量不能超过总氮量的25%;第六,慎用含氯化肥;第七,现配现用,不宜存放;第八,配制应均匀;第九,调节营养液的 pH 值,可用磷酸或硝酸;第十,营养液供给前最好过滤、加温或冷却(以根系适宜的温度为准),并用紫外线消毒;第十一,施用中经常化验和分析营养液中的成分及含量,以便及时补充和调节。

营养液的配方很多,常用的有如下几种:

第一,全元氮、磷、钾复合肥(15∶15∶15)1 000 毫克/升、硫酸镁 120 毫克/升、硫酸亚铁 20 毫克/升、硼酸 3 毫克/升、硫酸锰 2 毫克/升、硫酸锌 0.28 毫克/升、硫酸铜 0.08 毫克/升,pH 值 6.0~6.5。

第二,硫酸镁 0.725 克/1 000 毫升水、磷酸一钙 0.294 克/1 000毫升水、硫酸钾 0.5 克/1 000 毫升水、硝酸钠 0.644 克/1 000 毫升水、氯化钙 0.156 克/1 000 毫升水、磷酸一钾 0.175 克/1 000 毫升水、硫酸钙 0.337 克/1 000 毫升水,另加适量微量元素。如用矿化度较高的井水配制营养液,可不用另加微量元素。

4. 其他设备

需准备配制营养液的缸、桶,浇灌营养液的桶,回收营养液的塑料桶、管等。有条件者,可安设水泵,进行自动浇灌。

(四)无土栽培的管理

第一,芹菜育苗要进行种子消毒。育苗畦也应用无土栽培畦,管理同有土育苗。

第二,定植时,将芹菜幼苗根部洗净,按有土栽培的株行距栽入基质中,立即浇营养液。

第三,栽培槽或畦内铺基质15～20厘米厚。

第四,浇营养液时,从高的一头浇入,在低的一头设口回收,也可在低的一头设塑料管回收。

第五,应根据气温、植株大小、蒸发量大小,定时供应营养液。冬季1～3天供液1次,温度高时每日供液3～4次。每次供液应使栽培槽内充分湿润,平时保持基质湿润即可。

第六,营养液可反复使用。使用一段时间后,应补充标准营养液。

第七,营养液的温度尽量保持在15℃～30℃之间,以20℃为宜。

第八,无土栽培中,环境条件十分适宜、一致,如一旦有病害发生蔓延,传播十分迅速,危害严重。因此,应注意病害防治,及时对保护设施消毒灭菌。

第九,其他田间管理与有土栽培相同。

（五）无土栽培的其他方式

无土栽培的方式很多。在发达国家及地区,有很多自动化程度很高的无土栽培方式。我国经济发达的地区,可以学习和仿效。

1. 电水泵供液法

利用电水泵自动供应、回收营养液。

2. 薄膜水栽法

秧苗栽在固定的基质上,栽培槽内不放基质,利用水泵保持槽内经常有薄薄的流动营养液水膜,满足植株生长需要。

3. 喷 雾 法

在秧苗根系附近设细喷雾头,利用水泵把营养液喷成细雾,供根系吸收利用。

九、无公害芹菜生产技术

无公害蔬菜,是指没有受有害物质污染的蔬菜,有的地方称其为绿色蔬菜或洁净蔬菜。无公害蔬菜是一个相对的概念。由于蔬菜生长在自然环境中,在目前发达的工业生产社会里,一点没有污染的环境几乎是不存在的;不受微生物侵害,不进行病虫害防治,不施农药的蔬菜也几乎是不存在的;为了丰产,完全不施化肥的蔬菜也微乎其微。因此,蔬菜食品完全不含有害物质几乎是不可能的。目前,公认的无公害蔬菜实际是指商品蔬菜中按国家规定不准含有的有毒物质或把其控制在允许的范围内,即农药残留量、硝酸盐含量、病原微生物等有害微生物以及工业废水、废气、废渣等有害物质的含量不超过国家规定的标准,避免了环境污染的危害等。

1997 年,山东省有关检测单位在市场上的抽检结果表明,有 60%～80%以上的蔬菜产品农药残毒量超过标准。1998 年,据山东省检测部门化验,60%以上的蔬菜产地土壤污染物超标,生产不出无公害蔬菜来。因此,研究、推广蔬菜无公害栽培技术是非常重要的,并且迫在眉睫。

(一)芹菜污染的原因及主要途径

我国蔬菜生产中,芹菜受到污染的途径主要有以下几个方面:

1. 农药污染

近年来,由于蔬菜生产迅猛发展,使病虫害发生的量和涉及的面积也都急速增加,病虫害防治技术更难以掌握。因此,广大菜农很难一时掌握正确而全面的病虫害防治技术。为了取得显著的防治效果,往往急功近利,通过利用高毒农药、加大用药量等措施来进行防治。芹菜产品中农药的残毒量严重超标,造成了污染。芹菜产品的农药污染最严重,最普遍。

2. 化肥污染

化学肥料是近代农业必备的生产资料,是丰产丰收不可缺少的物资。但是,我国多数农民文化素质不高,不了解过量施肥用药的危害性,一味追求高产,使施肥过量的现象十分严重。当氮素化肥施用过量后,芹菜产品中硝酸盐含量往往超标,人食用后,在体内还原成亚硝酸盐即造成中毒。一般磷肥中含有镉,施磷肥过量,镉也会污染蔬菜,造成人体中毒。

3. 环境污染

环境污染主要有两大类:一类是工业排出的废水、废气、废渣(即"三废")污染蔬菜;另一类是病原微生物造成的污染。工业生产排出的废气,如二氧化硫、氟化氢、氯气等,可直接危害芹菜的生长发育,使叶片受到损伤。臭氧等气体对芹菜生长发育也可起到间接的危害作用。工业排出的废水中,含有多种有毒物质和重金属元素。这些废水混入灌溉水中,不仅污染了水源,也污染了土壤。用工业废水浇灌的芹菜往往口味不正,产量不高,残毒含量大。工业生产排出的废渣如化工废渣、矿渣等,含有有毒物质、重金属元素等污染物。这些废渣混入肥料中,施入土壤,也对芹菜生长发育造成了直接或间接的危害,并对人体健康有一定的不良影响。

病原微生物的污染,除施用的未发酵的或未进行无公害化处理的农家肥、垃圾粪便中存在的有害病原体、植物残体带有病原菌造成污染外,还有未处理的工业、医药和生活污水等携带的大量病菌与寄生虫等。这些生物与芹菜接触,也会造成污染。

4. 微量元素过量

在土壤中,微量元素含量分布很不均衡。我国很多地区缺乏不同的微量元素,施用微量元素肥料有一定的增产作用。在这种形势下,各地刮起了增施微肥热潮。很多地方不进行土壤化验,盲目地普施微肥；有的化肥制造厂商，也不根据实际需要，在化肥里掺入多量全价的微量元素；目前市场上多种肥料精、肥料宝等均含有多种微量元素，不分地区、不顾需要地让农民大量施用，甚至超剂量施用。上述因素均导致土壤中微量元素过量而产生毒害。锌肥在土壤中的推荐用量为 2.5 千克/公顷，实际上多数地区的施用量都超过 10 倍。锰肥的推荐用量为 6 千克/公顷，实际用量也超过很多。

微量元素施用过量而造成在芹菜中含量超标，对人体的危害比缺乏微量元素造成的危害更严重，这更应该引起人们的重视。此外，芹菜在运输、销售过程中以及不洁、有毒的包装材料中，所造成的污染也不容忽视。

5. 栽培方式引起的污染

近几年来，全国各地，特别是山东省大力发展蔬菜生产，力争建成蔬菜强省，蔬菜面积急剧扩大。据 1996 年山东省监测部门化验，凡种过 10 年的棉花地，再种植粮食 2～3 年后，剧毒农药残留量仍超过国家标准 5～10 倍。在这种地里生产的芹菜，农药污染是避免不了的。

近年来，由于保护地蔬菜栽培迅速发展，很多病虫害越冬场所的变化，造成了部分病虫害的猖獗，同时也出现了一些新的病虫害。在保护地生产中，环境条件稳定，适于多数病虫害的发生。因而保护地中施用农药的次数和数量大增，保护地栽培的蔬菜产品，大多数被农药严重污染。

目前，国际国内科学技术、生产物资、蔬菜商品交流频繁，也为病虫害的传播与扩散带来了有利条件。因此，每一个地区蔬菜病虫害的种类也都在增加。这就增加了芹菜病虫害防治的繁杂与难度，农药的施用也就更频繁，污染也就更严重了。

（二）无公害芹菜栽培技术原则

无公害蔬菜被我国农业部列入绿色食品的范畴。农业部的规定指出,绿色食品是无污染的安全、优质、营养类食品的统称。由于与环境保护有关的均冠之以"绿色",为了更加突出这类食品出自良好的生态环境,因此定名为绿色食品。绿色食品必须具备以下条件:一是产品或产品原料的产地必须符合农业部制定的绿色食品的生态环境标准;二是农作物种植、畜禽饲料、水产养殖及食品加工,必须符合农业部制定的绿色食品的生产规程;三是产品标签必须符合农业部制定的《绿色食品标志设计标准手册》中的有关规定。上述条件也就是芹菜无公害栽培的总的原则与要求。生产无公害芹菜,达到绿色蔬菜上述 3 个标准,必须做好以下几方面的工作:

1. 选择无污染的生态环境,建立绿色蔬菜生产基地

进行无公害芹菜栽培,必须避免工业"三废"的污染。生产地的环境是无公害蔬菜生产的基础。蔬菜地的土壤、水质等要素,都应达到国家规定的标准。土壤控制的标准(单位为毫克/千克)是:镉小于或等于 0.31;汞小于或等于 0.50;铬小于或等于 200;砷小于或等于 30;铅小于 300;"六六六"、"滴滴涕"小于或等于 0.50。水质控制的标准(单位为毫克/升)是:pH 值为 5.5~8.5;总汞小于 0.01;总镉小于 0.005;总铅小于 0.1;总砷小于 0.05;铬(六价)小于 0.1;氟化物小于 3;氯化物小于 250;氰化物小于 0.5;大气不被工业废气污染。为达到上述要求,芹菜生产地必须远离污染环境的工矿区,至少其水源的上游,空气的上风处没有污染环境的工矿企业单位。无公害芹菜生产地应远离公路 40 米以上,避免或减轻汽车废气的污染。在施用肥料时,尽量不用工业废渣。用生活垃圾作肥料时,应进行无害化处理。连年施用剧毒农药、农药残毒量大的棉田,不宜作无公害芹菜栽培地。个别地区的生产地含有天然有害物质,如所含重金属元素超标等,也不宜选作芹菜生产基地。

生产田里如果有轻微的工业"三废"污染,或农药污染等,应加以改良。可通过连续施用微生物发酵肥料或充分腐熟的农家肥,改善土壤 pH 值,使一些重金属元素与土壤螯合,减轻危害后,方可进行无公害芹菜的栽培。

选择无公害芹菜生产基地,首先要了解过去的环境情况,掌握目前周围的环境状态,最后通过化验分析,才能确定。

2. 建立绿色蔬菜生产技术体系,防止生产性污染

生产性蔬菜污染,主要是指农药和施肥不当引起的芹菜污染。要防止这类污染,必须建立和遵循正确的蔬菜无公害生产技术体系,严格按照各级有关部门,特别是农业部制定的生产操作规程进行生产。

(1)无污染、无公害防治病虫害 目前绝大多数芹菜都有病虫害发生。芹菜病虫害的防治措施仍以化学药剂防治为主。绝大多数药剂对人、畜是有害的。因此,病虫害防治,与芹菜无公害化的要求及人体健康是有矛盾的。只要进行病虫害防治,就会造成芹菜产品的污染,影响人的健康。所以,目前提出的无公害蔬菜,只不过是低污染、微公害蔬菜,并不是绝对的无公害蔬菜。对芹菜病虫害进行低污染、微公害防治,主要应采取如下防治措施:

①无污染、无公害芹菜病虫害防治的原则 为使芹菜无公害栽培中无农药污染,在病虫害防治过程中应抓好下列3个环节:一是摸清各种芹菜病虫害的发生规律,为制定防治措施奠定基础。力求在最佳时间施药与防治,以防患于未然;二是对芹菜的重点病虫害,提出关键性防治措施。应对病虫害提出一系列有针对性的防治技术。力求做到根据芹菜栽培特点,适时、科学地防治其病虫害;三是采用综合防治策略,面对多种病虫害,从播种到收获的全过程中,就品种、播期、田间管理、采收、病虫害防治等方面,制定综合的技术措施和操作规范。真正做到无病虫害早防,有病虫害则多方面、全方位地进行综合治理。

对无污染、无公害蔬菜病虫害的防治,必须遵循农业部规定的加强菜区农药管理,禁止销售高毒、高残留农药;生产上严禁使用高毒、高残留农药;严禁受污染的有毒、有害蔬菜进入市场等原则。

②预防为主,防患于未然　采取一切农业措施,不使病虫害发生。即使需要用药剂防治,也会因病虫害发生轻,用药少,污染也会被列入低污染、微公害之列。

③综合防治,以农业措施为主　芹菜病虫害综合防治的内容,随着科学的进步,正在不断地充实和拓宽。它是从单纯的治病虫措施发展到多种防治措施的综合技术,包括种子处理、土壤处理、田间管理和药剂防治等。综合防治包括对单一病虫害采取多种措施的综合防治,对多种病虫害在同一周期的综合防治,以及在同一生态环境中对有害生物的控制和有益生物的保护。从实用性角度看,综合防治可分为直接杀伤型、间接控制型和基础控制型。

直接杀伤型的防治,目前应用较多,如施用农药防治一种或数种病虫即是。其优点是见效快,效果明显;缺点是头痛医头,脚痛医脚,只顾眼前,不看长远;有很多后遗症,如天敌被伤害,易产生污染等。该措施是不得已而为之,应加上其他措施进行配合,以便扬长避短。

间接控制型的防治,是利用病虫在一定区域内、一定管理条件与环境中,周期性消长的规律,在关键的时期采取措施,以控制它的发生与危害。如温室白粉虱,可利用其冬季集中在温室内越冬的习性,进行集中消灭。多数间接控制型措施较费事,有其一定的后效,而当时不见效益,对一些防治难度较大的病虫害,还是需要采用的。

基础控制型的防治,是综合防治的高级形式。它概括了多种防治措施,提取了精华,从大生态系统环境着眼,把一个区域的有益生物、有害生物的相对平衡作为系统,把环境条件中有关的气候因子和土壤环境作为一个整体,设计出一个综合的防治方案,用以控制有害生物的发生和发展,促进有益生物的生长发育。基础控制型防治病虫害的难度较大,要求技术较高,但是它是既治本、又治标的根本措施,没有污染,没有或很少有后遗症。

蔬菜病虫害综合防治的基础理论,主要有三个:一是以生态学的原则指导有害生物防治;二是无需灭绝有害生物种类,只需有效地将病虫害控制在经济受害允许水平以下即可;三是重视自然因素的控制作用。根据上述理论,在防治病虫害中,要把病虫害和有益生物、作物等作为一个农田生态系统的整体来考虑。科学的防治措施是适当调节环境条件,增强农田生态系统中自控和调节作用,对有害生物进行抑制管理,使其发生数量控制在经济允许的水平以下。

④科学用药 在芹菜病虫害防治中,绝对不使用化学药剂,在目前是不现实的。在施用农药中,应严格遵循以下的原则:

第一,对症下药,防止污染:各种农药都有自己的防治范围和对象,只有对症下药,才会事半功倍;否则,用治虫的药治病、治病的药防虫,则只能是劳而无功,得不偿失。在芹菜病虫害防治中,应严格遵照农业部的有关规定,禁用剧毒、高残留农药,防止污染蔬菜和环境。

第二,时机适宜,及时用药:适宜的用药时间,主要从两个方面考虑:一是有利于施药的气象条件;二是病、虫生物生长发育中的抗药薄弱环节时期。此期用药有利于大量有效地杀伤病、虫生物。施药时间还应考虑药效残毒对人的影响,必须在对产品低污染、微公害的时期施药。

第三,浓度适宜,次数适当:施用农药的次数不是越多越好,量不是越大越好。否则,不仅浪费了农药,提高了成本,而且加速了病、虫生物抗药性的形成,加剧了污染、公害的发生。在病虫害防治中,应严格按照规定,控制用量和次数。

第四,适宜的农药剂型,正确的施药方法:尽量采用药剂处理种子和土壤,防止种子带菌和土传病虫害。保护地内可多采用烟熏的方法。在干旱山区可采用油剂进行超低容量喷雾。喷药应周到、细致。高温干燥天气应适当降低浓度。

　　第五，合理混用，提高药效：在防治病虫害时，采用两种或两种以上可混用的农药混合施用，可减少施药次数，提高防治效果，扩大防治范围，增强杀虫、杀菌的作用，克服和延缓病、虫抗药性的产生。常用农药的混合使用情况，如表 2-1 所示。

表 2-1　常用农药混合使用表

药剂种类	波尔多液	石硫合剂	代森锌	代森铵	福美双	退菌特	多菌灵	硫酸铜	百菌清	敌百虫	乐果	敌敌畏	辛硫磷	杀螟杆菌
波尔多液		−	−	−	−	−	−	+	−	±	−	−	−	−
石硫合剂	−		−	−	−	−	−	−	−	±	−	−	−	−
代森锌	−	−		+	+	+	+	+	+	+	+	+	+	+
代森铵	−	−	+		+	+	+	+	+	+	+	+	±	−
福美双	−	−	+	+		+	+	+	+	+	+	±	+	−
退菌特	−	−	+	+	+		+	+	+	+	+	+	+	−
多菌灵	−	−	+	+	+	+		±	+	+	+	+	+	−
硫酸铜	+	−	+	+	+	+	±		±	+	+	+	+	−
百菌清	−	−	+	+	+	+	+	±		+	+	+	+	−
敌百虫	±	±	+	+	+	+	+	+	+		+	+	+	+
乐果	−	−	+	+	+	+	+	+	+	+		+	+	+
敌敌畏	−	−	+	+	±	+	+	+	+	+	+		+	+
辛硫磷	−	−	+	±	+	+	+	+	+	+	+	+		+
杀螟杆菌	−	−	+	−	−	−	−	−	−	+	+	+	+	

注："＋"表示可以混合；"±"表示可混合，但必须马上使用；"−"表示不能混合

　　第六，交替施用，提高防效：用两种以上防治对象相同或基本相同的农药交替使用，可以提高防治效果，延缓对某一种农药的抗性。

第七，保护天敌：在施用农药时，要注意采用适当剂型，保护天敌。

第八，安全用药：绝大多数农药对人、畜有毒，施用中应严格按照规定，防止人、畜、蜂中毒。

⑤**农业防治**　农业防治是利用农业栽培技术来防治病虫害的发生与危害的方法。常用的农业措施如下：

第一，积极引进、培育和推广优良品种：抗病虫害的芹菜良种，对某些病虫害有一定的抗性，其发生轻微，可不用防治，或减少防治工作。这样一来，施药减少，污染自然就轻了。

第二，调节播种期：适当调节播种栽培期，可避开病虫害的发生高峰，减轻危害，减少施药次数，减轻芹菜污染。

第三，种子处理：播前进行种子处理，一可消灭种子携带的病菌；二可促进发芽或提高种子的抗逆性，使幼苗生长健壮，增强抗病力。

第四，合理地间作、套种和轮作：利用作物间抗病虫力和病虫害种类的不同，合理间作、套种和轮作，可以减轻病虫害的发生。有的土传病害，如芹菜枯萎病，通过轮作可以完全杜绝其发生。

第五，进行深耕与冬耕：春季浅翻或深耕，可消灭部分菌核病菌，减轻菌核病的危害。冬季深耕可消灭多量的越冬害虫。

第六，实行垄作：垄作有利于排水，提高地温，降低土壤湿度，并能减少流水传播病害。

第七，合理密植，加强通风：合理密植能改善通风透光条件，防止某些病虫害发生。加强保护地通风，可降低空气湿度，防治多种真菌性和细菌性病害的发生及蔓延。

第八，清洁田园，加强水肥管理：及时清洁田园，可以减少田间病虫害的生物密度。加强水肥管理，可提高植株抗性，均有减轻病虫害的作用。

⑥**生物防治**　是指利用有益生物消灭有害生物的病虫害防治

措施。生物防治包括以虫治虫，以菌治虫，以病毒治虫，以菌治菌，以病毒治病毒等。目前生物农药很多，如 B. t. 乳剂、浏阳霉素乳油和农抗 120 等。这些农药有一定的杀虫、杀菌力，且基本不污染环境。以虫治虫的，如用丽蚜小蜂和赤眼蜂等防治温室白粉虱和菜青虫等。这些益虫也不污染蔬菜与环境。

⑦**物理防治**　利用光、温和器具等进行防治病虫害的措施，称为物理防治。如在温室、大棚中利用 23℃～28℃ 的高温防止灰霉病，利用银灰色薄膜避蚜，利用黑光灯诱杀害虫，利用纱网栽培避蚜防病毒，利用夏季闭棚高温进行土壤消毒等。采用物理方法防治蔬菜病虫害，有一定的效果，且不污染环境。

⑧**化学防治技术**　利用化学物质，如诱导剂、增抗剂和刺激素等，促进芹菜植株旺盛生长，提高抗病虫力，从而减轻病虫害的危害。在病毒病防治中，常用的 912 钝化剂，则是控制病毒入侵植株的化学物质。这类化学物质不仅可以防治病虫，还有增产作用，对环境、蔬菜的污染也较轻。

⑨**生物技术**　包括抗病基因转嫁、细胞杂交、组织培养、茎尖脱毒等技术。这类技术可使作物直接获得抗病虫力，或避免发病源的侵染，从而不发生或少发生病虫害。

(2) 改进施肥技术　施肥过量，特别是施化肥过量是目前蔬菜污染的主要原因之一。今后应大力推广科学的施肥技术。首先，要大力推广施用农家肥料。农家肥经充分腐熟后，可降低芹菜中硝酸盐的含量，调节土壤中各营养成分的比例。其次要提倡配方施肥。根据土壤中拥有的营养成分基础，了解芹菜生长发育所需的营养元素量，再合理适当地补充农家肥与化肥。对于长期施用化肥的农田，应多施生物肥料和化肥的混合肥，不仅可弥补生物肥料中含氮量的不足，还可改善土壤生物的生态环境，增加微生物数量，使化肥不易流失。近年来开发的多种复合液肥，其营养成分全面，既对蔬菜有促进生长、提高抗逆性的作用，还可降低蔬菜中硝酸盐的含量,对生产无公害芹菜有一定的作用。在施肥过程中,应尽量避免施用有毒的工业废渣和生活垃圾等。合理施用化肥时,提倡施用最近新发明生产的长效碳铵、控制缓释肥料、根瘤菌肥、惠满丰、促丰宝等高效、弊少的化肥。

3. 加强贮运管理,减少流通中的污染

芹菜收获后到达消费者手中,中间要经过运输、贮藏和装卸等多道环节,每个环节都可能会污染芹菜。比如,运输、贮藏环境的高温和多湿,会造成腐烂变质;贮藏环境中的有毒垃圾、病原菌和寄生虫卵等污染物,也会产生污染。贮运时使用消毒防腐剂过量,也会引起污染。因此,要严格选择低毒、低残留的农药,按照规定的浓度和用量施用;避免环境、包装用具等污染芹菜。

4. 加强无公害芹菜生产的技术研究,建立蔬菜质量检测、监督、检查管理机构与制度

根据国家有关标准,在芹菜进入市场交易前,设立多种卫生、环保和商检等机构,对芹菜产品进行抽检或全面的检测,严禁污染严重超标的芹菜产品进入市场,并对不符合要求的有毒害芹菜一律予以适当处理,直到销毁。目前,国家虽然制定了很多蔬菜无公害生产的技术操作规程,但还需要有更加科学、实用的实施规则,以便实际操作与检查,还要配合研究出简便、可靠、准确、便携式的检测设备。与此同时,加大无公害芹菜生产的宣传推广工作的力度,使各级政府、有关部门、广大菜农以及人民群众,都来关心、支持我国芹菜无公害化的生产与发展,使之尽快步入世界先进行列。

(三)无公害芹菜的病虫害防治技术

芹菜是一种抗逆性较差的蔬菜。芹菜的病虫害种类较多,常见的就有 10 余种。在我国普遍发生的,有三大病害:病毒病、斑枯病和早疫病。每年由于这些病害的发生,而使芹菜生产蒙受巨大的损失。在大棚、温室等保护地生产中,由于气候条件适宜,越冬方便,多种病害的发生比露地栽培更为严重。我国菜农对芹菜病虫害的防治,一直主要是药剂防治,在保护地内几乎是从苗期开始至拉秧结束,需经常打药防治病虫害。冬春季节保护地内空气湿度大,病害更严重,一般每 10～15 天即需喷一次药。因而芹菜的农药残留量多数超过国家标准。由于喷药与采收频繁,喷药与采收期之间没有间隔期,这就加重了农药的污染程度。目前,北方大棚与温室冬、春季栽培的主要蔬菜之一是芹菜,因连作、传播等问题,病虫害发生越来越烈,加上农民对病虫害防治技术掌握得不好,所以芹菜在所有蔬菜中是受污染较严重的一种。对芹菜进行无公害病虫害防治,是目前亟须加强的一项工作。

无公害芹菜病虫害防治工作,应从以下几方面做起:

1. 了解病虫害的发生原因

防治芹菜病虫害,首先要了解其发生原因。根据原因,有的放矢地杜绝其发生,方为不战而胜之良策。病害的发生和流行,在大棚、温室内必须具备三个条件:有易感病的植株;积累有一定数量的病原物;发病的适宜温、湿度等环境条件。

(1)病原物传播方式　芹菜发病是植株受病原物的侵害所致,所以病原物的存在是发病的先决条件。病原物主要包括真菌、细菌与病毒。这些病菌都附着或寄生在一定物体上,待条件适宜时,经过一定途径传播到植株上,并发生病害。病菌主要存在以下物体上:

①种子带菌　种子是芹菜病毒病、菌核病、斑枯病、早疫病等多种病菌越冬、越夏场所之一。种子带菌传播病害既是长途传播的主要方式,也是近距离传播的重要方式。种子上携带的病菌,有的是寄生在种皮内,有的附着在种皮上,有的是混在种子中间。由于种子的数量少,病菌较集中,所以消灭它们也较方便、容易。目前,很多种子处理技术均可有效地消灭种子上携带的病菌。但是,多数菜农不重视这一工作。所以,种子带菌仍是病害传播的主要

方式之一。

②**苗床带菌** 秧苗带菌主要是由育苗环境感染造成的。育苗床往往多年固定不动,育苗床土也多年连作,病菌积累得就更多,有的苗床从芹菜种植地块内取土;或是施用带病菌而又未腐熟的农家肥,都会使苗床带菌。因此,苗床带病菌是秧苗受病害侵染的主要原因。

③**秧苗带菌** 在分苗和定植时,既没有经过严格的挑选、淘汰病苗,又没有集中采取喷药、浸根等防治病害措施;定植后又不及时检查、发现和拔除病株。这都会使带病菌的秧苗在田间生长,很快发展成为发病的中心。

④**病株残体、杂草、未腐熟的农家肥带菌** 病株残体是斑枯病、早疫病、软腐病、黑腐病等多种病害病原菌的越冬、越夏场所。芹菜收获后,拔秧不及时,残根、叶未清除干净,或未深埋烧毁,大量的病原菌在田间,一旦条件适宜就再侵染使芹菜致病。利用带有病原菌的农家肥,如不腐熟,病菌仍会侵染植株。菌核病、疫病就可以通过农家肥进行侵染。田间很多杂草是多种病毒寄生和越冬的场所,如不及时铲除、烧毁或深埋,也会传播病毒病等病害。

⑤**土壤带菌** 很多病菌,如斑枯病、菌核病、早疫病等病的病菌,可在土壤中腐生存居多年。所以,土壤带菌也是芹菜发病的重要原因。多数土壤中含有多种致病病菌,但由于浓度、数量不足,不一定会发病。在多年重茬、连作的大棚、温室中,病原菌越积累越多,因此发病严重。

⑥**空气带菌** 斑枯病等病的病菌孢子,可以随空气流动长距离进行飞散传播。在发病期,空气带有大量的病菌,一旦条件适宜即可侵染发病。

⑦**灌溉水带菌** 除了井水外的灌溉水(如河水、渠水等)中,也都含有多种病原菌。水中含有的病原菌,一般是流经带菌的土壤、病株残体时冲刷进去的,利用这种水浇灌芹菜,亦会导致病

害的发生。

⑧**大棚、温室设施及架材等带菌**　很多病菌可以附着在大棚、温室等设施的骨架、棚膜和墙壁上。这些病菌也会成为病害的侵染源。

⑨**农具带菌**　在管理中使用的锄、锨等农具,在带病的土壤中操作后也可带菌,尔后在无病区应用时就可传播病害。

⑩**昆虫传菌**　蚜虫吸食有病毒病的植株后,成为带毒源,再吸食健株,就会传播病害。

⑪**人体带菌**　烟草花叶病毒存居在纸烟上,抽烟人的手上就带有病毒。接触过病株的人也带有病毒,而后再去接触健株时,即会传播病毒病。

(2)适宜的发病条件　不同病害的发生、侵染和流行,均需要有一定的环境条件。环境条件中以温、湿度为最主要。除病毒病等少数病害的发病需在高温、干旱的条件下外,大多数病害适于在温和、高湿的条件下,尤其是在叶片吐水或结露的情况下容易发生。这是因为大多数真菌孢子的萌发、菌丝的发育离不开水分的缘故。不同的病菌适应的空气相对湿度不同。比如斑枯病和早疫病需要的空气相对湿度在90%以上;菌核病需要的空气相对湿度在85%以上。

芹菜多种病害发生的适宜温度为20℃~30℃。菌核病发生的温度为15℃~23℃。这些病菌发生的适温,均在芹菜生长发育所需的温度范围内。由此可见,只要芹菜生长发育,病菌也就随着发生和发展,故病害是很难免的。

在大棚、温室中,温度条件比较适于芹菜的生长发育,自然也适于多种病菌的发生与流行。棚、室中的湿度条件更适于病害的发生。在冬春季节,为保证温度条件,往往紧闭棚膜,加上土壤湿度较大,棚、室内的空气相对湿度很高。夜间一般为100%,上午也在80%以上,仅在中午通风时才低一点。这个高湿环境是芹菜病害发生严重的主要原因之一。造成大棚、温室内发病环境条件适宜的栽培管理有如下几方面：

①连续阴雨天　在保护地栽培的寒冷季节，如遇连续阴雨天，由于日照不足，棚、室内温度较低，不敢通风；加上室外湿度也很大，所以大棚、温室内的湿度很高。这为病害的发生、流行创造了条件。

②放风少而小　大棚、温室中，寒冷季节为了保温，往往忽视放风，放风时间短而少，因而使棚、室内排湿不足，湿度很大。

③底水不足　播种前或定植后未浇足底水，致使生长期干旱缺水，不得不多次浇水补充。寒冷季节每次浇水都会降低地温，增加空气湿度，加剧病害的发生。

④种植密度偏大　定植时植株过密，很易造成通风、排湿不良。湿度过大处首先发病并成为发病中心。

⑤中耕少　定植前期，浇水后中耕跟不上，地面板结，蒸发加快，土壤失水多，势必增加浇水次数，加剧病害的发生与流行。

⑥整地质量不高　整地不平，畦面过大，浇水不易均匀。低洼处易积水，湿度大，易成为发病中心。

⑦棚膜滴水　大棚、温室内的空气湿度大的另一个原因，是棚膜内外温差大，外界多在0℃以下。因而大棚膜内侧极易结露，形成水滴与水膜。这些水滴、水膜本身就增加了空气湿度，滴水多的地方土壤湿度大，容易发病。这种情况即使用无滴塑料薄膜也难以避免。

⑧温度较低　寒冬，大棚、温室中的温度条件一般较低。如遇寒潮侵袭，则终日维持较低的温度水平，致使一些适宜较低温度的病害如灰霉病等就会大量发生。

(3)植株抗病性差　尽管有适宜的发病环境条件，有足够数量的病原菌，但发病还必须有抗病力弱、易发病的植株方能发病、流行。这就是目前生产上在相同条件下，不同的植株各种发病情况不一样的主要原因。生产实践表明,那些抗病品种、抗病力强的健壮植株,则不易发病,即使发病也危害轻微。植株的抗病性由以下几个方面原因决定:

①**遗传因素**　芹菜种类很多,有的种类本身具有抗某些病的遗传基因。

②**秧苗素质**　育苗期高温、多湿、日照不足、种植过密、氮肥过多等条件会引起秧苗徒长。苗期温度低易形成僵化苗、老化苗,其抗病力均差,易染病害。

③**生育周期**　在芹菜幼苗期,子叶展平到第一片真叶抽出展开,为出芽期向幼苗期的过渡时期。此期的营养供应,是由种子贮藏的养分供应,逐步过渡到自行制造供应的过渡时期。在这一时期,种子的营养已耗尽,叶子制造的养分不足,植株处于饥饿的、营养不良状态,抗病力自然就差。此期是病毒病、斑枯病等多种病害最易侵染的时期。

④**植株生长状态**　芹菜植株生育过程中,氮肥太多,磷、钾肥不足;在植株高密度下,光照不足,浇水过多,通风少,温度偏高等,均会造成植株徒长而降低抗病性。同一植株如遭受一种病害的侵染,则抗病力下降,对其他病害的抗性也会降低。

⑤**植株衰老**　芹菜采收不及时,消耗营养太多;缺水,缺肥;其他管理跟不上等,均会使植株衰老或衰弱而降低抗病性。

(4)病害的传播途径　田间有了发病植株,积累了足够数量的病原菌,具备了发病适宜环境条件。但是,还必须通过一定的途径才能侵入到其他植株上,造成病害的流行。病原菌传播的途径主要有:斑枯病、菌核病、早疫病等依靠风、水滴和农事操作来传播;软腐病依靠灌溉水、土壤耕作、地下害虫等传播;病毒病依靠蚜虫和农事操作接触来传播。传播途径的有与无,是病害发生的重要条件之一。

(5)防治不力　芹菜病害的发生和流行,总是有一个由少到多、由轻微到严重的过程。如果在发病初期未能及早采取措施,或是措施不力、措施不当,均会造成病害的大发生和大流行。

2. 预防为主,综合防治病害技术

要使芹菜无农药污染,在病害的防治过程中,除了进行预防为主的综合防治,严格遵循蔬菜无公害栽培有关病虫害预防、治疗和农药施用等有关原则外,还应做好以下具体工作:

(1) 减少病原物 减少芹菜生育环境中的病原菌数量,是防止病害发生的基础。这是芹菜无公害病虫害防治过程中的釜底抽薪的措施。减少病原物的措施大多是农业措施,不污染或很少污染芹菜与环境,而且具有促进芹菜生长发育、增产增收的作用,应当大力推广。

①减少育苗床的病原菌数量 切忌利用老苗床的土壤和多年种植芹菜的土壤作育苗土。应利用三年以上未种过瓜类作物的肥沃土壤作育苗床土。这样,可以减少床土的病原菌数量,减轻病害的侵染。如果育苗床土达不到上述要求,则应预先进行消毒处理,如在日光下翻耕暴晒;掺入多菌灵等药剂进行消毒等。苗床施用的肥料应充分腐熟,有条件时也应加入药剂消毒。

②防止种子带菌 避免种子带菌是防治病毒病、早疫病和斑枯病等病害的重要措施。防止种子带菌的常用措施是:第一,加强检疫,勿从病害严重发生的地区调入种子;第二,尽量在无病区生产、调运种子,在发病区生产种子时,应从无病植株上采取;第三,对带菌的种子应进行消毒处理。常用的消毒方法有温汤浸种、药剂浸种、药剂拌种和干热处理等。

③防止病苗进入大田 定植前细致检查,淘汰病、弱苗,以防病苗进入大田。在苗床内,要喷洒广谱性杀菌剂进行预防。

④实行轮作 尽量实行轮作。芹菜栽培应选在 2~3 年未种过芹菜的棚、室内进行。

⑤土壤消毒 是指利用物理或化学方法减少土壤病原菌的技

术措施。常用的方法有:深翻 30 厘米,并晒垡,可加速病株残体分解和腐烂,使病原菌失去依托,还可把菌核等病原物深埋入土中,使之失去侵染力;夏季闭棚提高棚内温度,使地表温度达 50～60℃,处理 10～15 天,可消灭土表部分病原菌;定植前喷洒 50%多菌灵可湿性粉剂 500 倍液,或撒多菌灵干粉,每 667 平方米 2 千克,进一步进行土壤消毒。

⑥棚、室消毒　在播种或定植前 10～15 天,把架材、农具等放入棚、室中密闭,然后每 667 平方米用硫黄粉 1.0～1.5 千克,锯末 3 千克,分为 5～6 处,放在铁片上点燃;或用 52%百菌清烟剂 250 克点燃,可消灭棚、室内墙壁、骨架等处附着的病原菌。

⑦清洁田园　芹菜生长期间及时摘除发病的叶片和果实,拔除病株,携出田外深埋或烧毁。拉秧后,及时清理残株进行深埋或烧毁,以减少田间病原菌。

⑧清除杂草　田间、地边的杂草有很多是病害的中间寄主,特别是病毒病的传染源,应及时清除。

⑨注意邻作　棚、室栽培芹菜时,周围大田中应尽量不种其他具有同病害的作物,避免把病害传染到棚、室中去。

(2)避免发病环境　每种病害都有适宜的发病环境条件。在棚、室管理中尽量避免出现发病的环境条件,比如湿度是多种病害发生的关键条件,棚、室内防病要以降低湿度为中心来进行。

①合理浇水　播种前与定植后,要浇足底水;缓苗后,要浇足缓苗水。尽量减少在生育期浇水。特别是在芹菜越冬栽培中,整个冬季一般不浇水,防止生长期过频的浇水降低地温,增加空气湿度。生长期如需浇水,应开沟灌小水,忌大水漫灌。

②覆盖无滴膜　棚、室由于内外温度的差异,棚膜结露是不可避免的。普通塑料薄膜表面结露均匀,分布面广,因而滴水面大,增加空气湿度严重。采用无滴膜后,表面虽然结露,但水珠沿膜面流下,滴水面小,增加空气湿度不严重。

③垄作覆盖地膜　垄作覆盖地膜可保持土壤水分,减少蒸发,降低空气湿度。灌溉时用膜下灌水法也可降低空气湿度。

④合理密植　棚、室内定植密度勿过密,以利于通风透气,降低空气湿度。

⑤中耕松土　浇水后及时中耕松土,可减少蒸发,保持土壤水分,减少浇水次数,降低空气湿度。

⑥通风　在保证温度适宜的前提下,及时通风,排出湿气,可有效地降低棚、室内的空气相对湿度。

⑦选择浇水时间　寒冷季节浇水,应选在晴天上午进行。浇水后立即密闭棚、室,提高温度。在中午和下午加大通风,排出湿气。

⑧减少传播途径　芹菜病害的病菌从越冬、越夏或病株中心传染其他植株,都有一个或数个传播途径。在管理中阻断这些途径,可减轻病害的流行。菌核病、早疫病和斑枯病等病害,均依靠水滴传播,在栽培中防止水滴形成,即可减轻病害的流行传染。软腐病和病毒病等依靠农事操作与接触传播,在田间管理时,尽量避免病、健株的交叉接触,即可减少病害的大流行。病毒病主要依靠蚜虫传染,及时防治蚜虫可减少传染。

(3)提高植株抗病性　提高芹菜植株自身的抗病性和免疫力,是防治病害、避免污染的最经济的措施。

①选用抗病品种　很多品种对不同的病害有一定的抗性和耐性。在选用品种时,结合生产目的、栽培季节和病害种类,综合加以考虑,可起到减轻病害危害,减少药剂防治的作用。

②加强田间管理　增施有机肥,在施氮肥的同时,配合磷、钾肥,可促使植株生长健壮,减轻病害的发生。育苗期保证合理的水肥供应、充足的光照和适宜的温度,以育成壮苗。健壮的秧苗可减少病害的发生与危害。在生长期充足适宜的水肥供应,适时整枝搭架,及时采收等正确的田间管理,均有促进植株生长健壮,提高

抗病力的作用。

　③**实施根外追肥**　利用根外追施营养元素的方法,可提高芹菜植株的抗病力,减少病害的发生与危害。如根外追施 0.2%磷酸二氢钾,有防止病害发生的功效。

　(4)药剂防治　当其他措施不能安全控制病害发生时,还需进行药剂防治。药剂防治的时间应安排在发病前或发病的初期,争取治早、治了。使用的农药,首先以生物制剂为最好,其次是低毒、低残留农药。可供使用农药的种类和注意事项,可参照芹菜病虫害防治及芹菜无公害栽培技术原则的化学防治部分。

　3. 预防为主,综合防治虫害技术

　无公害芹菜防治虫害,仍要贯彻预防为主、综合防治的方针。

　(1)减少虫源,避免虫害流行的环境条件　虫害使芹菜造成损失,但必须有足够数量的害虫密度和适于害虫发生危害的环境条件,这两者缺一不可。因此,在虫害防治中,应尽量减少虫源,避免造成害虫适宜的生存环境条件。

　①**及时预测与预报**　大多数害虫的发展速度很快,但从少到多发生危害,都需要一定的时间。因而在危害前的害虫基数,是害虫能否大发生的重要因素。一般情况下,头一年的越冬害虫数量大,越冬条件适宜,则第二年大发生的可能性就大。所以,及时预测、预报,做好预防措施,做到治早、治小和治了,就很有必要。

　危害芹菜的地老虎和蝼蛄等地下害虫,多在土壤中越冬。如果头一年危害较重,秋、冬季未进行集中防治,秋翻地不多,越冬场合多而适宜,则翌年大发生的可能性很大。春季结合翻地进行调查,如每平方米可发现 0.5～1.0 头幼虫,则表明害虫越冬量大,虫口密度较大。在成虫羽化交配期,利用糖、醋液诱杀成虫。如果每个诱杀点每晚可杀死 30 头以上的成虫,就可预测到当年害虫要大发生,应及早进行防治。

②清洁田园，清除杂草　芹菜拉秧后，残枝和落叶上还有很多蚜虫与白粉虱等害虫，应及时进行清理，予以深埋或烧毁，可消灭很多害虫，减少虫口密度。地头、田边的杂草，有的是害虫的寄主，有的是其越冬场所，应及时清除并烧毁，也可消灭部分害虫。

③进行冬耕　入冬土壤结冻前，灌大水后再深翻30厘米以上，可将金针虫、蛴螬和地老虎等越冬害虫翻至土地表面，使之被冻死，或被鸟吃掉，能减少越冬虫口密度。通过深翻，还可使部分害虫翻至地下，抑制其危害。

④消灭越冬害虫　一般害虫都有固定的越冬场所。冬季在越冬场所集中消灭越冬害虫，具有省工、省药，事半功倍的效能。有的害虫在支架材料与温室、大棚的骨架缝隙中越冬，利用杀虫药熏蒸，可将其消灭。

⑤轮　作　多数害虫有固定的寄主，寄主多，则害虫发生量大；寄主减少，则因食料不足而使发生量大减。利用这一特性，在温室、大棚中实行轮作，种植一些害虫不喜食的蔬菜，可减少害虫数量。

⑥药剂熏蒸　大棚、温室在播种、定植前，利用硫黄粉熏蒸，或用敌敌畏等杀虫药熏蒸，可消灭残存在里面的害虫，这样可减少芹菜种植后的药剂防治工作。

⑦施用腐熟的农家肥　未腐熟的农家肥气味大，能吸引种蝇等害虫在其中产卵，加重危害。因此，农家肥应腐熟后再施用。施用腐熟的农家肥后，蛴螬喜食之，还有减轻危害蔬菜的效果。

⑧调整播种期，回避危害盛期　害虫的发生有一定的规律，每年都有危害盛期和不发生危害的时期。根据这一规律，调节播种期，躲开害虫的危害盛期，可减轻危害。8月份是蚜虫危害盛期，9月份渐少，10月份开始进入越冬场所。芹菜的秋延迟栽培和越冬栽培，可适当晚播，避开蚜虫危害。蚜虫危害减少，又可避免病毒

病的发生。

⑨**利用银灰色驱蚜**　蚜虫有回避银灰色的特性。在大棚、温室中,利用银灰色地膜,在行间张挂银灰色塑料薄膜条,将架材、骨架涂上银灰色颜色等,均可使蚜虫虫口密度减小。

⑩**纱网挡虫**　在育苗畦上覆盖纱网,在温室、大棚的通风口加盖纱网,以阻挡害虫,使其不能进入苗床和棚、室内为害。

(2)害虫的无公害、无污染杀灭措施　采取上述预测措施后,如果害虫仍能造成危害,则需采取下列杀灭措施:

①**定植前用药剂浸根**　在芹菜定植前、分苗前,用50％辛硫磷乳剂1 000倍液浸根或灌根,可消灭地下害虫,防止害虫进入大田。

②**在苗床消灭害虫**　定植前,在苗床内集中喷药,防止将蚜虫等害虫带入大田,增加防治难度。

③**人工灭虫**　经常在田间检查,发现虫卵、幼虫集中地和成虫集中地,即人工摘除消灭之。

④**诱杀成虫**　利用地老虎、甘蓝夜蛾等害虫成虫的趋光性和趋化性,在成虫发生期在田间设黑光灯、糖醋液诱虫器、性诱杀剂等诱杀成虫,以减少产卵量。

⑤**喷　灌**　有条件的地方利用喷灌设施喷出水流,消灭部分蚜虫和白粉虱。

⑥**黄板诱杀**　蚜虫和温室白粉虱具有强烈的趋黄性。利用这一特性,在田间多竖黄色板,上涂机油,可粘杀害虫。

⑦**撒毒谷、毒土**　在田间撒拌有敌百虫的熟麦麸可毒杀蝼蛄。撒拌有敌百虫的毒土,可毒杀蛴螬。

⑧**生物防治**　在温室白粉虱发生初期,释放丽蚜小蜂,每12～14天释放一次,可消灭大量的白粉虱。

⑨**生物药剂防治**　利用生物药剂如浏阳霉素和灭幼脲3号等无公害生物农药,防治红蜘蛛和甘蓝夜蛾等害虫,可有效地减少农

药残毒污染。

⑩化学药剂防治 在害虫发生较严重时,必须进行化学药剂防治。化学药剂的施用要遵守保护天敌、喷药与采收之间有足够的间隔时间、低毒、低残留等原则。详细方法参照蔬菜无公害栽培技术原则的化学防治部分。

每一种害虫的生命周期,都有一段抗药性最弱和最强的时期。如在初孵化群聚期的幼虫抗药性最弱,此期施药效果最好,也较省工;而在蛹期的害虫抗药性最强,此期施药往往事倍功半。因此,在防治害虫施用药剂时,一定要选择合适的时间。

(四)防止"三废"与施化肥过量污染芹菜

芹菜无公害栽培技术,除了上述病虫害的防治以外,还包括防止工业排出的"三废"污染、施化肥过量污染等。下面着重介绍无污染的施肥技术和减少污染的栽培技术。

1. 芹菜无污染施肥技术

芹菜的化肥污染也是很严重的一个方面。化肥污染主要是由于施氮肥过多而引起芹菜中硝酸盐含量的过量增加。国家规定蔬菜中硝酸盐含量不得大于 432 毫克/千克。超过此量,对人体就会产生明显的伤害作用。经研究表明,过量的硝酸盐可在人体内还原成亚硝酸盐,亚硝酸盐可引起高铁血红蛋白症,并有致癌作用。由于我国大多数菜农的科技素质不高,科学施肥的概念不清,受传统的"庄稼一枝花,全靠肥当家"习惯的影响,盲目认为只要多施肥就能增产。因此,在棚、室保护地中超量施化肥的现象十分普遍。棚、室保护地面积较大的山东省,每 667 平方米施用尿素 100 千克、复合肥 100 千克已成为多数菜农的定量。超量施化肥的结果,不仅浪费了肥料,提高了成本,而且加剧了污染。

试验表明,施用化肥比施用农家肥的蔬菜硝酸盐含量高 1～4 倍,单施速效氮肥又比氮、钾或氮、磷、钾配合施用的蔬菜硝酸盐含

量高 2～5 倍。根据上述情况,生产无公害蔬菜应采用以下无污染施肥技术:

(1)增施农家肥 施用农家肥,特别是施用腐熟的、用酵素菌沤制的农家肥,可大大降低蔬菜中的硝酸盐含量。据山东省菜农的经验,大棚、温室中每 667 平方米施用 5 000～7 000 千克腐熟的圈肥,即可保证芹菜有 7 000 千克的产量。

(2)施用长效化肥 近年来已研制成功的涂层尿素、长效碳铵、控制缓释肥料等化肥,有在土壤中不易淋失,肥效长远的特点。施用这些化肥可避免浪费,提高利用率,减少施用量,从而降低硝酸盐对芹菜的污染。

(3)生物肥和化肥混用 菜田长期施用化肥,使微生物大大减少,使有机质的消化、分解受阻,营养元素易流失,降低了土壤资源的利用率。在这种情况下,施用生物肥料有克服这种不良现象的作用。目前,应用的生物肥料,有硅酸盐细菌生物钾肥、惠满丰和促丰宝等,内含多种氨基酸、微量元素及植物化学成分和微生物代谢物,具有很强的作物综合生化调控能力和迅速补充养分的功能,而且对降低蔬菜硝酸盐含量有显著的作用。

(4)配方施肥 根据土壤原有的营养元素含量和芹菜生长发育的需要量,按比例增施肥料,这叫配方施肥。配方施肥既能保证丰产丰收,又不会因施肥过量而造成硝酸盐污染。配方施肥常用的计算公式为:

$$需增加的某元素施肥量=\frac{(计划产量-原来产量)}{1\,000(千克)}\times F$$

产量单位是千克,F 值是芹菜每生产 1 000 千克产品所需的纯氮、五氧化二磷、氧化钾的数量。原来产量是指不施肥时土地的一般产量,是经验估计数字。

计算出需要增加的某元素肥料的施用量后,再根据肥料的利用率及某种肥料的有效成分含量,即可计算出此种肥料的施用量。

其公式为：

$$某肥料用量=\frac{某营养元素的增施量}{(该肥料利用率×该肥料有效成分含量)}$$

山东省越冬芹菜每 667 平方米的计划产量一般为 7 000 千克，未施肥时的原来产量一般为 3 000 千克以上。据测定，每生产 1 000 千克芹菜，约需纯氮 4 千克、五氧化二磷 1.4 千克，氧化钾 6 千克。按公式计算可得：每 667 平方米越冬芹菜需供应纯氮 16 千克、五氧化二磷 5.6 千克、氧化钾 24 千克。

山东省的越冬芹菜，每 667 平方米施猪圈肥 5 000 千克。猪圈肥的含氮量为 0.49%，利用率为 25%；五氧化二磷含量为 0.35%，利用率为 25%；氧化钾含为 0.43%，利用率为 25%。这 5 000 千克猪圈肥中可供给芹菜吸收的纯氮（5 000×0.49%×25%）为 6.1 千克，五氧化二磷（5 000×0.35%×25%）为 4.37 千克，氧化钾（5 000×0.43%×25%）为 5.4 千克。此外，还需追施尿素 50 千克。尿素的含氮量为 46%，利用率为 40%，可供给芹菜吸收的纯氮（50×46%×40%）为 9.2 千克。再追复合肥 50 千克。复合肥的含氮量为 15%，利用率为 40%，芹菜可吸收利用（50×15%×40%）3 千克。复合肥中含五氧化二磷为 15%，利用率为 20%，芹菜可吸收利用（50×15%×20%）1.5 千克。复合肥中含氧化钾为 15%，利用率为 50%，芹菜可吸收利用（50×15%×50%）3.75 千克。

从表 2-2 可看出，每 667 平方米产芹菜 7 000 千克时，施圈肥 5 000 千克，追尿素 50 千克和复合肥 50 千克后，土壤中纯氮和五氧化二磷的供应量已充分满足了芹菜的需求，并且略有盈余。氧化钾的施用量略显不足。由于一般土壤中钾的含量较丰富，因而不会出现缺钾现象。有条件时，每 667 平方米再施用 40 千克钾肥，亦有增产效果。

表 2-2　667 平方米产芹菜 7 000 千克时的需肥与供肥量 （单位：千克）

肥料类别	需肥量	圈肥供肥量	复合肥供肥量	尿素供肥量	合计供肥量	盈亏量
氮	16.0	6.1	3.0	9.2	18.3	+2.3
五氧化二磷	5.6	4.37	1.5		5.87	+0.27
氧化钾	24.0	5.4	3.75		9.15	−14.85

按照上述施肥量，还有大量的营养元素遗留在土壤中，故土壤肥力呈递增状态。以上施肥量，既保证了当前芹菜的产量，又照顾到了长远的土壤肥力；既是施肥的最低量，又降低了成本，因而是最科学的施肥量。如果低于此施肥量，则芹菜的产量受影响；高于此施肥量，则成本提高，且于芹菜产量无补；再者，高于此施肥量，不仅浪费肥料，造成土壤溶液浓度过高的危害，还会导致芹菜中硝酸盐含量过高的污染发生。

我国大部分地区保护地中的化肥施用量，都超过科学应施量，这是绝大多数芹菜中硝酸盐含量超标的主要原因。因此，大力宣传和应用配方施肥技术迫在眉睫。

我国绝大部分土壤缺少一种或几种微量元素，施肥中增施微量元素肥，如硼、锌、锰、铁等，不但有增产作用，还兼有降低化肥污染的作用。

2. 改进栽培技术

在芹菜栽培中，科学的管理能提高植株的抗病性和抗虫力，从而减少农药的污染。因此，在芹菜无公害栽培中，应采用地膜覆盖、纱网覆盖保护、滴灌技术、二氧化碳施肥、人工控温与人工补充光照等综合配套技术。

3. 芹菜的无公害包装、贮存与保鲜

为防止芹菜在采收后、食用前的第二次污染，应实行采收、加工、精包装、贮运一体化，有条件时，可利用塑料袋或真空塑料袋进行包装;用紫外线灭菌防腐;用纸箱大包装,恒温运输;用恒温贮藏库贮存保鲜等技术和设施,保证芹菜产品不腐烂变质,不受有害微生物的侵染与有害物质的污染。

十、强化营养芹菜生产技术

(一)强化营养蔬菜的由来

食品的强化营养,是指在食品缺少某些营养成分时,人工添加这些营养成分,使食品的营养显著高于天然情况下的含量,这种技术称为强化营养生产技术。近年来,美国研究人员为了提高蔬菜的营养含量,利用细胞嫁接和分子遗传工程等技术,成功地培育了富含几种蔬菜营养成分的蔬菜种类,如含有马铃薯营养的番茄,含有辣椒营养的茄子等。这种蔬菜也称强化营养蔬菜,其生产技术是较高级的蔬菜强化营养技术。我国在这方面既没有引进这类品种,也没有成功的技术尝试。

在我国各地,土壤中的微量元素含量丰缺不一。多数缺乏一至数种微量元素。过去的实践表明,施用微量元素肥料均有增产效果。据研究,蔬菜中大多数微量元素的含量,与土壤中的有效含量呈正相关。蔬菜吸收微量元素是被动的吸收,所以施用微量元素肥料培育的蔬菜,比不施用微量元素的蔬菜,其微量元素含量要高得多。不同地区化验分析的同一蔬菜中的微量元素含量,差异达十倍至几十倍。施用微量元素,不但可以使蔬菜增产,还有使蔬菜增加营养成分的作用,即有强化营养的效果。

我国蔬菜的栽培,一直以丰产为主要目标,很少涉及改善营养成分方面。欲改善蔬菜营养成分,学习美国的高级强化营养技术尚不现实。而借用强化营养的食盐、饮料的先例,利用早已有实践经验的微量元素施肥技术,增加蔬菜微量元素含量,这是完全可行的。因此,笔者于1996年就提出了强化营养蔬菜栽培的技术。

（二）蔬菜微量元素营养的现状

1. 我国土壤微量元素分布情况

微量元素在土壤中的分布很不均衡。世界各地都有某种微量元素含量过高而造成动植物伤害,或因缺乏某种微量元素,而影响植物营养含量,导致影响人体健康的实例。我国土壤中微量元素的含量也是如此(表2-3)。不过因某种微量元素含量过高,而影响蔬菜的营养成分,进一步影响人体健康的报道,尚不多见。对于缺乏微量元素,影响蔬菜作物生长发育,应根据土壤微量元素丰缺分级指标(表2-4),施用相应种类和一定数量的微肥,才能大幅度增产的报道,各地比比皆是。我国几种微量元素缺乏的地区如下。

表2-3　我国土壤中微量元素的含量　（单位:毫克/千克）

土 类	硼		钼		锰		锌		铜	
	范围	平均	范围	平均	范围	平均	范围	平均	范围	平均
黑　土	36～39		0.5～2.1	1.4	590～1000	990	58～66	61	19～28	26
草甸土	32～37		0.2～5.0	2.4	450～1200	940	51～130	87	18～35	26
棕钙土	31～92	61	1.0～4.0	2.3	340～1000	770	44～770	98	17～33	23
黄　土	48～128	68	0.4～1.1	0.7	680～1100	844			18～46	26
黄棕壤	56～100	85	0.3～1.4	0.8	420～1500	741	55～122	94	14～65	22
红　壤	1～125	40	0.3～1.2	2.4	11～4200	565	11～492	177	11～91	22
赤红壤	1～72	24	0.1～3.0	1.8	10～5000	565	7～750	84	7～44	17
砖红壤	9～58	20	0.5～3.1	1.9	10～5000	636	7～323	103	2～118	44

（1）缺硼地区　我国南方花岗岩分布地区,土壤广泛缺硼,红壤和赤红壤含溶硼很低,黄土高原土壤含水溶性硼也低。在酸性土壤上过量施石灰,常引起缺硼;排水不良的草甸土,也往往缺硼。土壤缺硼,对蔬菜生长发育都会造成不利的影响。

(2)缺钼地区 黄土高原及黄土沉积物发育的土壤,如华北平原,大部分土壤的有效钼含量很低。在砖红壤、赤红壤和红壤等酸性土壤中,全钼含量高而有效态钼含量很低。

表 2-4　我国土壤有效态微量元素的丰缺指标

(肥力分级及含量,毫克/千克)

元　　素	肥 力 分 级				
	很 低	低	中 等	高	很 高
水溶态硼	<0.25	0.25～0.50	0.51～1.0	1.01～2.00	>2.00
有效态钼	<0.10	0.10～0.15	0.16～0.20	0.21～0.30	>0.30
代换态锰	<1.0	1.0～2.0	2.1～3.0	3.1～5.0	>5.0
易还原态锰	<50	50～100	101～200	201～300	>300
酸溶态锌(a)	<1.0	1.0～1.5	1.6～3.0	3.1～5.0	>5.0
DTPA 提取锌(b)	<0.5	0.5～1.0	1.1～2.0	2.1～5.0	>5.0
酸溶态铜(a)	<0.1	1.0～2.0	2.1～4.0	4.1～6.0	>6.0
DTPA 提取铜(b)	<0.1	0.1～0.2	0.3～1.0	1.1～1.8	>1.8

注:(a)适用于酸性土;(b)适用于石灰性土

(3)缺锰地区 华北地区的石灰性土壤,黄河冲积物发育的轻质土壤,其代换性锰含量很低。苏北的黄河冲积物发育的石灰性土壤活性锰与全锰的比值常低于 0.01,亦为缺锰地区。

(4)缺锌地区 华北地区和黄土高原的石灰性土壤均缺锌。我国西南发育于石灰岩母质的土壤、红色石灰土、黑色石灰土、黄壤和发育于石灰质的红壤,其全锌含量高,但有效态锌含量低,属缺锌地区。

(5)缺铜地区 我国大部分土壤的有效铜含量较丰富。在红色石灰土、黄土性土壤、石灰性紫色土和花岗岩发育的酸性土壤中,含有效态铜较低。

此外,铁的含量也不均匀。我国大多数土壤铁的含量较丰富。

但是在 pH 值较高的土壤中,可供蔬菜利用的活性铁含量不足,往往造成缺铁。

2. 我国微肥应用情况

我国有关单位对农作物施用微量元素肥料增产效果的研究非常重视,在 20 世纪 80 年代前期成立了全国应用科研协作组,取得了大量试验结果。

(1)锌　肥　在小麦、水稻和大豆等多种作物的种植土壤上,给土壤施锌肥,或用锌肥拌种,均有增产效果。

(2)硼　肥　多种作物施硼肥有增产作用。番茄根外追施硼肥有防治病害的作用。

(3)钼　肥　在四川省和山东省对土壤施钼肥,可使小麦、水稻和花生等显著增产。

(4)锰　肥　在华北、四川等地对土壤施锰肥,小麦可增产 21.8%。可见锰有加强光能利用的功效。

试验研究表明,施用微量元素肥料,在土壤瘠薄的低产田增产效果明显。秋黄瓜在生育期叶面喷施 0.2% 硼肥液和 0.02% 钼酸铵液 2 次,可增产 17.68%,还有一定的防治霜霉病作用。根外追施锌肥,可使番茄等蔬菜的含锌量提高 10%~50%,有明显强化营养的效果。

3. 蔬菜中微量元素的含量

不同的蔬菜种类中微量元素含量差异很大。如含铁量,芹菜鲜菜为 1.26 毫克/100 克,番茄鲜菜为 0.38 毫克/100 克,相差 2 倍多。番茄鲜菜的含锌量为 0.20 毫克/100 克,茄子则几乎为 0,相差悬殊。即使同一种蔬菜,因产地不同,栽培技术不同,某一种微量元素的含量也有很大差异。如芹菜鲜菜中的含铁量,美国的为 0.30 毫克/100 克,我国的为 3.1 毫克/100 克,相差 9 倍。上述现象说明,土壤中的微量元素是以蔬菜根系无力拒绝摄取的形态而存在的,也就是土壤中微量元素的含量决定了蔬菜中微量元素的含量。但是,不同种类的蔬菜,对微量元素的利用率不同,利用率高的蔬菜,土壤中微量元素进入的量大,导致这部分蔬菜微量元素含量较高。上述情况证明,在蔬菜生产中,利用微量元素施肥技术可以提高蔬菜中微量元素的含量,人工栽培措施可以生产出强化营养蔬菜。

目前,我国人民身体生长发育所需的微量元素基本上依靠从日常饮食中摄取,其中绝大部分来自蔬菜。蔬菜受生产、运输等条件限制,人们常食的大路蔬菜基本上是当地或某一固定地区生产的,远距离产区的很少。这些蔬菜,如果其产地土壤缺乏某种微量元素,则蔬菜中也缺乏,食用的人们如果没有别的大量补充途径,则很容易造成因缺乏这种微量元素而影响身体健康。如山东省的土壤普遍缺锌,因此用一般栽培技术生产的番茄中的含锌量很低。而冬季主要食用山东番茄的京、津、黑龙江地区的人民如果不食用其他富锌的食品,则锌的摄入量肯定不足。当然,除了蔬菜、粮食外,肉、鱼等也含有大量的微量元素。但是受经济水平的限制,我国大多数人还是以素食为主,蔬菜中微量元素的含量,对我国人民身体健康至关重要。以上情况表明,在我国进行蔬菜强化营养栽培的重要性与紧迫性。

由于我国土壤中微量元素分布不均衡,所缺乏的微量元素,种类多,地区广,所以蔬菜中含的微量元素也较贫乏,致使营养价值受损失。加上过去只重视蔬菜产量的提高,忽视营养成分的含量,未采用富化、强化营养栽培措施,致使蔬菜的微量元素含量不能满足人体的需要。

4. 我国的人体微量元素需求及供应状况 我国群众大部分以素食为主,肉食量较少,出现了很多种微量元素缺乏的现象。如华北平原地区,土壤普遍缺钼,芹菜鲜菜中的含钼量为 0.002 毫克/100 克,而人体每日需摄入 0.15 毫克钼,这样,每个人需日食7 500克芹菜来满足钼的需求。如果是这样的话,人的胃就没有空隙再容纳另外的美味佳肴了。可是用强化营养生产措施可以使芹菜的含钼量提高 1 倍以上，这就可以使人们从大量取食芹菜的困境中解放出来。

根据国外研究，成人每日合理的微量元素摄入量为：钙 800 毫克，镁 350 毫克，铬 50～200 微克，铜 2～3 毫克，氟 1.5～4.0 毫克，碘 150 微克，铁 10～18 毫克，锰 2.5～5.0 毫克，钼 150～500 微克，硒 50～200 微克，锌 15 毫克。其中铬、铜、氟、锰、钼、硒几种微量元素的摄入量不能超出此数值的上限，因其中毒的水平仅为日常摄入量的几倍。

我国各种蔬菜的微量元素含量各地不一。从含量较高的数值来看，芹菜的含铁量为 15.5 毫克/500 克鲜菜，含铁较丰富的菜豆为 7.5 毫克/500 克鲜菜。番茄的含锌量为 1.00 毫克/500 克鲜菜，大蒜的含锌量为 2.95 毫克/500 克鲜菜。胡萝卜的含铬量为 40 微克/500 克鲜菜，菠菜的含铬量为 45 微克/500 克鲜菜。菠菜的含锰量为 4 毫克/500 克鲜菜，甘蓝的含锰量为 1.5 毫克/500 克鲜菜。胡萝卜的含钼量为 0.05 毫克/500 克鲜菜，莴苣的含钼量为 0.01 毫克/500 克鲜菜。大蒜的含硒量为 125 微克/500 克鲜菜，甘蓝的含硒量为 10 微克/500 克鲜菜。根据我国土壤中微量元素多数较缺乏的现状，所栽培生产的大部分蔬菜，微量元素含量要低于上述数字。即使略高于上述数字，如果不取食肉类、海产品等来补充营养，则身体缺乏铬、碘、锰、钼、硒、锌的可能性较大。

由于我国的蔬菜生产，只重视产量的提高，忽视质量的改善，因而对提高蔬菜营养成分与微量元素含量的强化的研究几乎为空白，落后于世界上的发达国家。这也是造成国内营养液、药用补品等泛滥，充斥市场的原因之一。为了赶上世界水平，解决我国人民身体营养缺乏的问题，宣传、研究、推广蔬菜强化营养栽培，已经势在必行。

（三）微量元素对植物和人体的作用

1. 铜

（1）对植物的作用 铜主要在蔬菜的叶片中产生叶绿体，它大部分是蛋白质蓝素的成分。铜与锌一起还是过氧化物歧化酶的组分，含铜的其他酶还有色素氧化酶、抗坏血酸氧化酶和聚苯酚氧化酶。蔬菜缺铜时，新叶褪绿、卷曲，叶尖干枯，植株枯萎等。

（2）对人体的作用 铜对人体血红蛋白的形成起重要作用；铜也是人体重要的酶系统的组分；对于骨骼结构的发育和维护以及主动脉和脉管系统的发育是必需的；脑细胞和脊髓的形成和作用也需要铜。人体缺铜可致贫血、骨骼缺损、神经系统的脱髓鞘和退化、毛发色素和结构上的缺陷、不育和心血管病。

（3）铜在土壤中的存在状态及施用 在土壤溶液中，大部分铜是以稳定的有机络合物离子态存在，而不是铜离子。一般有 5 种土壤铜的成分：土壤溶液游离的可交换的铜、无机铜、有机铜、游离氧化物吸持的铜、晶格吸持的残留铜。铜从有机配位体中解析出来，才能被蔬菜吸收。目前应用的铜肥，主要是硫酸铜、氧化铜、碱性硫酸铜和碳酸铜等，国外还有多种铜的络合物供施用。其施用方法如下：

①**土壤施铜肥** 每 667 平方米施 1.5～2.0 千克硫酸铜，隔3～5 年施一次。

②**拌浸种肥** 每 500 克种子用 0.3～0.6 克硫酸铜拌种，或用0.01％～0.05％硫酸铜液浸种，浸泡 15～20 分钟。

③**根外追肥** 用 0.02％～0.04％硫酸铜液喷洒叶面。

2. 铁

（1）对植物的作用 铁对蔬菜中的几种酶起作用，细胞色素中含有较多的铁，铁的最明显作用是形成叶绿素。蔬菜缺铁时，新叶褪绿，叶子变小、枯萎，并有坏死点。

(2)对人体的作用 铁是人体中血红蛋白的重要成分,也是能量代谢有关酶的成分。人体缺铁引起贫血症。

(3)铁在土壤中的存在及施用 土壤中的铁含量为 1%～5%,平均为 3%。含量较高,一般情况下不会缺铁。但在碱度较高的盐碱土和石灰性土壤中,铁能形成难溶的碳酸盐,容易引起作物缺铁。当土壤 pH 值每增加 1 个单位,则铁的活性降低1/1 000。此外,土壤板结,通气不良,也可使作物缺铁的症状加剧。

目前,经常施用的铁肥有硫酸亚铁、硫酸亚铁铵。国外还施用铁的络合物、螯合铁等,这些铁肥价格很高,施用不经济。铁肥的施用方法如下:

①**土壤施肥** 土壤撒施效果不好,易被固定为不溶态的无效铁。可用硫酸亚铁 2～4 千克,加水 100 升溶解,喷洒在圈肥上混匀,施于 667 平方米土地上。

②**根外追肥** 将浓度为 0.2%～1.0% 的硫酸亚铁液喷洒于叶面上。

3. 锰

(1)对植物的作用 锰在光合作用中起重要作用。在叶绿体的类囊膜中含有较多的锰。锰可使植物生长化酶活化,也是有机酸新陈代谢的主要金属离子。蔬菜缺锰时,叶片出现色斑、褪绿。

(2)对人体的作用 锰参与骨骼形成和其他结缔组织生长、凝血、胰岛素作用,胆固醇合成,以及在碳水化合物、脂肪、蛋白质和核酸代谢中,作各种酶的激活剂。人体缺锰,则生殖力差,生长受阻,骨和软骨的形成不正常。

锰缺乏时,人体凝血不正常,脂质代谢异常等。

(3)锰在土壤中的存在及施用 我国土壤中锰的含量在 42～3 000 毫克/千克,平均 710 毫克/千克,丰缺极不均匀。土壤中的锰以各种形态存在,如水溶性锰、代换态锰、易还原态锰和矿物态锰。前两种锰是作物吸收的主要对象。土壤中各种形态的锰能相互转化,保持动态平衡关系。土壤中锰的有效性受 pH 值反应的影响强烈。缺锰主要是土壤条件不当造成的。如果土壤质地轻,有机质含量少,成土母质含钙多,偏碱性,锰与有机质的络合会提高,则会造成缺锰。

目前常用的锰肥有硫酸锰、碳酸锰和氯化锰等,以硫酸锰为主。国外亦有用氧化锰为肥的。施锰肥的方法如下:

①**土壤施肥**　与酸性或生理酸性化肥(如硫酸铵、氯化铵)以及农家肥料混合施用,以减少土壤固定。每 667 平方米用量为1～2 千克。

②**作种肥**　可用氧化锰包涂种子。浸种时,可用 0.01％～0.1％硫酸锰液浸泡 8～12 小时。每 5 千克种子用溶液 2 升。

③**根外追肥**　在幼苗生长期和花期,用 0.05％～0.1％硫酸锰溶液,每 10～15 天喷一次,喷 1～2 次,每 667 平方米用 50 升水溶液。

4. 钼

(1)对植物的作用　豆科作物根瘤菌固氮时需要钼,缺钼可使豆科作物缺氮。在所有作物中,硝态氮转化为蛋白质均需要钼。蔬菜缺钼会引起缺氮,导致植物生长缓慢,叶子呈绿色并变软。

(2)对人体的作用　钼在人体中是三种不同酶系统的成分,这些酶参与碳水化合物、脂肪、蛋白质、含硫氨基酸、核酸和铁的代谢。对预防和减少龋齿有一定作用。人体缺钼对亚硫酸氢盐的毒性特别敏感,亚硫酸氢盐是食品添加剂和含硫氨基酸的代谢产物,当食品添加剂过量时易产生呼吸困难和神经失调症。

(3)钼在土壤中的存在及施用　土壤中的钼含量极少,一般在0.1～6.0 毫克/千克之间,平均为 1.7 毫克/千克。土壤中的钼绝大部分是难溶性的,作物不能吸收,占全钼量的 80％～90％。与土壤有机质相结合的钼,随着有机质的矿化而释放,可被作物吸收利用。土壤有机质含量水平高,有效钼的含量也高。土壤中能被植物吸收的水溶态钼含量极少。在酸性土壤中,钼酸根被铁、铝氧化物吸收,故易缺钼。随着土壤 pH 值的上升,钼的有效性也上升。

目前常用的钼肥有钼酸铵和钼酸钠,还有氧化钼等。其施用方法如下:

①土壤施肥　每 667 平方米施钼肥 50～100 克作基肥。为便于施用,可将钼肥加到过磷酸钙中,制成含钼过磷酸钙,撒入土壤中。钼肥的残效期为 1～15 年,故 3～5 年施一次即可。

②根外追肥　用 0.02%～0.05% 钼酸铵液进行叶面喷施。先将钼酸铵用热水完全溶解,再加凉水至所需浓度。每次每 667 平方米喷施 40～75 千克,在苗期和初花期喷施 1～2 次。

③作种肥　用 1～3 克钼肥拌 1 000 克种子。拌后对人、畜有毒,播时要防止中毒。

5. 锌

(1)对植物的作用　在植物体中有 20～25 种酶与锌有关。以碳酸酐酶和过氧化物歧化酶中含锌为最多,占植物中含锌量的 17%。碳酸酐酶在叶绿体中,起缓冲作用,防止短暂的 pH 值的变化。从大量锌酶来看,对新陈代谢有各种影响。植物缺锌,可致叶绿素破裂而使叶片褪绿,出现条斑,新生叶畸形,茎生长缓慢等。

(2)对人体的作用　人体正常的皮肤、骨骼和毛发生长需要锌。锌是与消化和呼吸有关的几种不同酶系统的成分。另外,红细胞运输二氧化碳,骨骼的正常骨化,蛋白质和核酸的合成和代谢,生殖器官的发育和功能,创伤和烧伤的愈合,胰岛素的功能,正常的味道敏感性等,均需要锌。人体缺锌,则食欲减退,儿童生长停滞,皮肤变化,男孩性腺小,味觉失灵,毛发色淡,创伤愈合慢,成年人生殖功能减退等。

(3)土壤中锌的存在及施用　我国土壤的全锌含量大多为 100～300 毫克/千克,少的不足 3 毫克/千克,多的可达 700 毫克/

千克,平均为 100 毫克/千克。总的趋势是南方酸性土壤的含锌量高于北方石灰性土壤。大部分可溶性锌与有机质络合。土壤中还有游离二价锌离子、不同结晶水和有机络合物等。锌在土壤中扩散距离不大,必须把锌肥施于根际才有效。

目前常用的锌肥有硫酸锌和一水硫酸锌。此外,还有氧化锌和锌的络合物。施用方法如下:

①**土壤施肥** 作基肥时每 667 平方米施用锌肥 0.75～1.0 千克。由于锌在土壤中的移动性差,故应翻入蔬菜根部的主要分布层。锌在土壤中有残效,不必每年都施用。

②**作种肥** 作种肥时,每 667 平方米用量为 0.5 千克,并做到先施肥后下种。随种下肥的方法不宜采用。浸种时,可用 0.02%～0.05%硫酸锌液浸泡 12 小时。

③**根外追肥** 用 0.05%～0.2%硫酸锌液喷洒叶面,每 667 平方米用液 50～60 升。浓度超过 0.5%时有灼伤现象,要注意加以防止。

锌肥最好与农家肥或生理酸性肥料混匀后施用,不宜与碱性肥料混用。

6. 硼

(1)对植物的作用 硼能维持植物细胞膜的完整和合成细胞壁,能增强植物的抗寒力和防病能力。喷洒硼液有明显地减轻番茄蒂腐病发生的作用。此外,硼还能预防植物细胞免受苯的毒害。植物缺硼时,新叶发育小,出现畸形,质厚而脆,很少出现褪绿;生长点、腋芽枯死;果实畸形,籽实少。

(2)对人体的作用 至今尚未发现硼对人体有明显的作用。但硼是人体组织中存在的一种化学元素。

(3)土壤中硼的存在及施用 我国土壤中硼的含量为2～500毫克/千克,平均为 64 毫克/千克。土壤含硼量与成土母质及土壤类型有关。一般由沉积岩发育的土壤、干旱地区的土壤、滨海地区土壤和盐土,含硼量较高。硼在土壤中有水溶性硼、酸溶性硼及全硼。水溶性硼易被植物吸收,又称为有效硼,约占全硼的 5%。在土壤 pH 值为 5～7 时,硼的有效性最高。土壤 pH 值在 7 以上时,作物易缺硼。

目前常用的硼肥有硼砂和硼酸等。施用方法如下:

①**土壤施肥** 每 667 平方米用 0.25～1.0 千克硼砂,与农家肥或化肥混合均匀后施入土中。局部浓度过高会引起中毒,故应施匀。

②**作种肥** 用 0.02%～0.05% 的硼砂液,浸种 4～6 小时。

③**根外追施** 用 0.025%～0.2% 的硼砂液,在作物生长期进行数次喷施,每 667 平方米用液量为 50～75 升。

硼肥影响植物繁殖器官的发育,应及早施用。

7. 其他微量元素

(1) 钴 钴在植物体中影响固氮菌的效能。土壤缺钴,则影响作物特别是豆科作物氮的吸收。钴在人体中是维生素 B_{12} 的组成部分,维生素 B_{12} 则是血红细胞形成的一个重要因素。缺钴易使人体恶性贫血、生长不良和产生偶然性的神经错乱。

植物中的钴完全来源于土壤,土壤缺钴则作物亦缺钴。在一些石灰质土壤、或干旱地上易引起缺钴。发达国家已有土壤缺钴的报道,我国尚未见土壤钴的分布丰缺研究的报道。研究、分析土壤中钴的含量,谨慎地施用钴肥,对保障人体健康有着重要的意义。

(2) 铬 铬在植物体中的含量极少,多数在 100 克鲜菜中含量低于 1 微克。铬在植物体中的作用不很明确,只知土壤中铬的含量直接影响土壤中生长的植物的含量;谷物的外皮含铬较多。铬在人体中含量极少,成人每日只需摄取 50～200 微克的铬,即可满足需要。铬在人体中的功能为某些酶的活化剂。它是酸类的稳定剂,葡萄糖耐量因子的组成部分,并能促进胆固醇和脂肪酸的生成。人体缺铬,可引起糖尿病、动脉粥样硬化症、白内障、儿童发育迟缓、高血脂、抗传染病能力降低等症。

我国尚未见土壤中含铬量的统计分析。今后应加强这方面的研究工作,在缺铬地区有计划地增施铬肥,提高蔬菜中铬的含量,保障人体健康。

(3)碘 碘也是植物体中含量极少的元素。土壤中碘的含量直接影响植物体中碘的含量,但尚未见施碘可使蔬菜增产的报道。碘在人体中的含量很少,约 25 毫克左右,是人体必需的营养元素。碘在人体中的唯一功能,是用于合成甲状腺分泌的含碘激素,该激素可在细胞内调节氧化速率,并以此影响身体和智力发育、神经和肌肉组织的功能、循环活动和各种营养素的代谢。人体缺碘易发生甲状腺肿大症、头发粗糙、肥胖和血胆固醇增高。

碘在土壤中的分布极不均衡。我国大部分内陆地区土壤中缺碘,因而导致人体缺碘。目前防止人体缺碘的最有效措施,是食盐加碘。但是科学地在土壤中增施碘肥,提高蔬菜中的含碘量,也是一条成本较低的有效途径。只是目前尚无人做此尝试。

(4)硒 硒是土壤中含量极少的元素,只占地壳成分的0.0001%以下。土壤中有效硒含量更低。但是,土壤中的含硒量直接影响作物中的含硒量,土壤中含硒量低时,作物中的含硒量也低;土壤中含硒量高时,则由于作物含硒量过高会引起人、畜中毒。发达国家也有报道,因土壤缺硒或富硒而致牲畜发育不良或中毒的事件。我国在这方面的研究尚少。

硒在人体中的生物化学功能,是它能起到一部分的谷胱甘肽过氧化物酶的作用,它保护至关重要的细胞组分不受氧化损伤。此外,硒还与维生素 E 一起,共同起拮抗有毒物质的保护剂作用。人体缺硒易患癌症、心脏病、白内障、肝脏疾病和胰脏疾病等。成人每日硒的摄入量为 50～200 微克,过量极易引起中毒。

国外已有在饲料中添加硒作为强化营养的做法。人的食品中尚未见有添加硒的做法。我国经济水平较低，食物并不丰富，所以增加食物中硒的含量很有必要。可喜的是我国已有利用增施硒肥提高农作物含硒量的研究报道，并已推广应用。今后应逐步把硒的强化含量措施，应用到蔬菜生产上来。硒的毒性很大，应用时严禁过量。

（四）强化营养芹菜栽培技术

1. 强化营养芹菜栽培技术的理论根据

20世纪80年代，美国著名的几位农业与营养科学家已提出，对缺乏矿物质的土壤进行改良，可以提高植物的矿物质价值。并指出，植物中硼、钴、铬、铜、铁、碘、锰、钼、硒、锌等微量元素的含量，与土壤中的相应有效含量呈正相关。增加土壤中微量元素的有效含量，可以提高作物中的含量。

不同国家及不同地区，对同一种蔬菜微量元素的化验分析结果，也证明了上述理论是正确的。在含铁量较低的地区，芹菜的含铁量为0.30毫克/100克，而在含铁量高的地区，芹菜的含铁量为3.1毫克/100克，其含量相差9倍；在富锌的土壤上，芹菜的含锌量为0.20毫克/100克，而土壤缺锌地区为0.07毫克/100克。这一化验分析结果也表明，利用施肥技术可以成倍地大幅度提高芹菜里的微量元素含量，明显地强化其营养。

近年来，我国的科技工作者也在番茄等作物上进行了强化营养的尝试。山东济南农科所用锌肥在番茄上施用的结果表明，番茄施锌不仅有增产11.6%的作用，还可使番茄的含锌量由0.202毫克/100克提高到0.380毫克/100克，提高幅度达88%以上。黑龙江省的科研人员也利用施硒肥技术，使水稻、小麦、玉米和大豆等作物的含硒量大幅度提高。据测定，每1 000克粮食可含硒100～300微克。

上述理论和实践都表明，在芹菜栽培中，利用施微肥技术，可以强化其微量元素含量,芹菜强化营养栽培技术是可行的。

从 20 世纪 70 年代末期开始至今,我国蔬菜无土栽培研究广泛而深入。在无土栽培中,微量元素施用技术已普及而成熟。近年来,利用微量元素施肥以求蔬菜增产的研究已非常广泛。市场上也有无数种微量元素肥料销售。这说明在芹菜等蔬菜上施用微量元素肥料技术早已成熟。

目前,我们利用早已成熟的微量元素施肥技术,在芹菜上大量应用,主要是增加其营养成分,而不考虑其增产效果。这就是芹菜的强化营养栽培技术。它从另一个角度上说明利用微肥施用技术的效果。同样,将它应用到增产方面也是会有益的。

芹菜强化营养栽培与一般芹菜栽培相比,施用微量元素肥料的技术是相同的。其不同点是,前者必须施用,是强制性的;后者是可施可不施,应根据人力和物力条件而定。

2. 强化营养芹菜栽培应注意的事项

在强化营养栽培中,蔬菜从土壤中吸收的微量元素很少。一般每年每 667 平方米作物平均约吸收 35 克锰,15 克锌,3.5 克铜,0.5 克钼,0.05 克钴。因而施用量也非常小。它们的需要量虽微小,但却不能缺少,也不能用其他大量元素肥料来代替。因为土壤中微量元素肥料的缺乏和过量毒害的界限相差很小,如果不采用科学的施用技术,则往往会造成因过量而产生毒害,不仅降低产量,甚至引起人、畜中毒。因此,施用微量元素肥料应严格注意下列事项:

(1)土壤中微量元素的总含量与有效含量 一般土壤中微量元素的总含量都较多,真正缺少某种微量元素的情况较少。这些微量元素在土壤中均呈多种形态存在。有的以盐离子状态存在,有的以酸根态存在,有的以氧化物存在。其化合价数也各异,大多数又以各种形态与多种有机物组成络合物存在,也有的存在于有机物中。这多种存在状态的共同特点是,可溶于水的较少,不溶于水的居多。即对植物来说,可吸收利用的、有效的微量元素含量很少;不可吸收利用的、无效的含量居多。如硼在土壤中有效的仅占5%;钼在土壤中有效的仅占10%～20%。这些微量元素在土壤中存在的状态不是一成不变的,而是随着环境条件的变化而发生变化,往往呈动态的平衡。所以,有效含量和无效含量也呈动态的变化。在进行强化营养栽培时,应考虑到这一规律,力求合理施用。

(2)微量元素之间的关系　微量元素之间有可替代性。据美国科研人员研究,当钼缺乏时,钡和钨可以代替。在利用根外追肥或营养液施肥时,多种微量元素的混用有可能造成某些微量元素的沉淀,使之失去有效性。最显著的是利用硫酸亚铁作微肥施用时,很易与其他碱性物反应而沉淀失效。所以,施肥时,应弄清其特性,再混用或单独施用,以免失效。

(3)施用量与毒性　大多数微量元素肥料有毒性,如硼酸、钼酸铵和硫酸锌等,都对人、畜有毒。而铬、钴、硒等微量元素对人、畜有剧毒。这些微量元素施用过量,轻则使人、畜中毒,重则使作物减产,甚至中毒绝产。所以使用中应严格按照规定,不能超量。在施肥操作中,注意操作方法,使其千万不要进入人的眼、口之中。处理后的种子,不能再作食用,以防中毒事件的发生。

(4)施用深度与年限　微量元素肥料施用中,应根据其不同的特性而施在不同深度的土层中。锌肥在土壤中不易扩散,易被土壤固定在施肥层中,所以施肥时应施在蔬菜根际附近,以沟施为宜。锰肥施在土表中易退化为无效性的,也应深施在根际附近。硼肥在土壤中扩散较容易,施用方法则不受局限。

很多种微肥在土壤中残效期很长,施用后可维持有效期多年而不必年年施用。如钼肥的残效期为2～15年,铜肥的残效期为3～5年,锌肥在土壤中也有残效期,不必年年施用。

(5)土壤与微量元素之间的关系　土壤的某些化学性质直接影响微量元素的有效性和植物的吸收量。

土壤的 pH 值可控制微量元素的溶解度,影响其对植物的有效性。在中性或碱性土壤(pH 7 以上)中,常会缺乏阳离子微量元素(铜、铁、锌、锰)养料。反之,阴离子微量元素养料与 pH 值呈正相关关系,如钼、硼等随 pH 值的升高而有效性增加。土壤中 pH 值每增加 1 个单位,铁的有效性就降低 1/1 000,锰的有效性降低 1/100。

石灰质土壤或土壤中增施石灰,往往使土壤酸碱度高于 pH 7,造成阳离子微量元素缺乏。这是由于石灰质土中的碳酸钙和碳酸镁能吸附阳离子的微量元素的缘故。但是阴离子微肥则有效性提高。如土壤中施用石灰,可降低钴、镍、锰、铁、铜、锌等微量元素的有效性,而使硼、钼的有效性增加。

土质与微量元素的含量亦有一定的关系。细质土比粗质土含有的微量元素丰富。黏土比砂土含的微量元素丰富。所以,含砂多、黏土少的土壤中,往往缺乏微量元素。

土壤有机质含量与微量元素的有效性之间是正相关的。有机质丰富、施农家肥多的土壤中,有效微量元素含量也高。

土壤中微生物的多少也影响微量元素的有效性。一般情况下,土壤中有机质多,则微生物亦多,营养元素的分解转化就迅速。因而能使大部分微量元素的有效性提高。

土壤大量肥料元素的含量也会影响微量元素的有效性。土壤中大量施用过磷酸钙,可导致锌的有效性大大降低。施氮量过高也会引起缺锌,这是由于根中含有较多的蛋白质氮,与锌作用,生成锌蛋白络合物的缘故。施用的氮、磷、钾化肥的 pH 值各有不同,也会影响土壤中微量元素的有效性。其原因与土壤 pH 值相同。因此,土壤中的多种理化因素会影响微量元素的有效含量,施用微肥时,一定要注意调节。

(6)气候与微量元素之间的关系 在雨季土壤含水量过大,或排水不良时,土壤中钴、铜、锰、镍、锌的溶解度增加,有效性提高。

在地温低、天气寒冷的保护地栽培土壤中,微生物活动弱,多种微量元素的有效性降低,蔬菜易表现缺乏微量元素症。而在温度条件较高的情况下,微生物活动强,土壤矿化作用高,则微量元素有效性增加。

(7)作物与微量元素的关系 绝大多数作物对绝大多数微量元素的吸收是被动的,亦即土壤中微量元素的有效量决定了作物中的含量。但是,不同的作物对微量元素的利用量也不同。利用量多的,土壤中微量元素进入作物中也多,这就导致不同作物种在同一地块上,其微量元素含量也大有差异。除此之外,在同一地块上,种植不同的作物,其栽培技术也大相径庭,致使土壤的理化性质也发生变化,使微量元素的有效性也相应变化。如水稻田土壤水多缺氧,处于还原状态,从而导致铜、锌有效含量下降,而铁的有效含量则大幅度增加。不同作物的根系也不同程度地影响土壤的理化性质,从而影响微量元素的有效性,导致作物吸收微量元素能力的差异。如豆科作物吸收土壤中的铁比禾本科作物就多。

3. 对土壤与芹菜进行化验分析

为了有的放矢地施用微量元素肥料,在进行强化营养栽培时,应首先进行土壤的化验分析。土壤中缺乏的微量元素,应进行强化栽培;反之,土壤中含有丰富的微量元素,则无必要再施用了。同样,在强化营养栽培前,也应对芹菜产品进行化验分析。对芹菜中含量少,或不含的微量元素,在栽培中应多施,而含量较多的可不施。通过化验分析,还可避免土壤中个别微量元素含量过高而引起人、畜中毒现象的发生。

4. 施用微量元素肥料试验

在确定了施用哪种微量元素后,还要进行施用方法的试验。施用微量元素的方法有土壤施肥、作种肥与根外追肥等;每种方法施用的量和浓度有多种数值;施用的次数也可有一次或多次,施用的时期也有多种差异。这些都要进行多方面的试验,从中确定一个施用简便、成本低、效果好的措施。施用效果的好坏,应从两个方面衡量:一是芹菜中微量元素含量的增加情况。这是主要的方面。只有使芹菜中微量元素含量大幅度增加,才是效果好;二是增产效果。有增产效果为最好,没有增产效果也行,但不能减产。在进行施用方法试验中,一定要避免造成对芹菜植株和人、畜毒害现象的发生。

5. 产品化验分析与宣传

利用强化营养栽培技术培育的产品,必须要进行化验分析,了解和掌握其微量元素含量强化的情况,从而确定该项技术是否继续进行。如果芹菜中微量元素含量大大提高了,对人体确实有益,则证明该技术有实用价值和社会意义。通过化验分析,也为舆论宣传提供了资料数据。因为,芹菜产品中微量元素含量增加,从口感、外观上根本表现不出来,与一般芹菜无异。所以,应通过各种新闻媒体大力进行宣传,让人们了解强化营养芹菜的营养价值,对人体的良好作用,提高人们的购买欲望,从而打开销路,占领市场。

6. 高铁含量芹菜栽培技术

每个成年人每日需摄食10~18毫克的铁,女性和儿童应稍多些。据1979年美国农业部的研究资料,美国人每天可摄食19.5毫克的铁,其中肉类、禽类和鱼类供应的铁占29.0%;面粉和谷类供应的占28.6%;蔬菜,包括马铃薯供应的铁占8.9%;糖和其他甜味剂供应的铁占7.15%;豆类、坚果类、粗磨谷粉供应的占6.7%;蛋类供应的占4.9%;马铃薯和甘薯供应的占4.5%;其他水果供应的占3.5%;乳制品供应的占2.5%;绿色蔬菜供应的占1.5%;柑橘类供应的占0.8%。从上述数字可以看出,美国人摄入的铁主要由肉、禽、鱼提供。我国广大人民以面、菜为主食,肉、禽、鱼的食用量水平低,不如美国人。因此,我国人民很缺乏铁的供应量。针对这一现实情况,提高芹菜中铁的含量非常重要。

食用过量的铁,可致人体中毒。中毒致死量为:儿童摄入硫酸亚铁 3 克,成人为每千克体重摄入 200～250 毫克之间。通常很少有因食物中含铁过量而致人中毒者,但施铁肥过多,可致蔬菜中毒减产。

(1)施铁肥技术 目前,国内番茄施用的铁肥主要是硫酸亚铁,俗名铁矾、绿矾。其有效成分含铁 16.5%～18.5%。天蓝色或绿色结晶,溶于水,有腐蚀性,易吸湿,并被空气氧化成黄色或铁锈色。在干燥的空气中能风化,表面变成白色粉末,再被空气氧化成黄色或铁锈色。此外,还有硫酸亚铁铵,又名莫尔盐。其有效成分含铁 14%,氮 7%。透明,呈蓝色结晶,溶于水,常温避光贮存时不起变化。施用方法如下:

①**土壤施肥** 在中性或碱性土壤中,铁极易被固定为溶解度很小的铁化合物,所以直接应用效果不明显。一般将铁肥与农家肥(以牛粪最好)混合施用。混合肥的调制方法是硫酸亚铁 2～4 千克,加水 10 千克溶解,喷洒于农家肥料上,混匀即可施用。

②**根外追肥** 用 0.2%～1.0% 的硫酸亚铁液,在定植后,每 15 天一次,连喷 2～3 次。

施用铁肥不可过量,过量则会使芹菜中毒。在我国南方酸性土壤中不宜施用。在北方中性、碱性土壤中施用效果好。

(2)施铁肥后的效果 一般芹菜的含铁量为 0.30 毫克/100 克;在土壤含铁量高时,芹菜的含铁量可达 1.26 毫克/100 克。利用施铁肥强化营养栽培技术,可使芹菜的含铁量超过 1.25 毫克/100 克,亦即提高铁含量 3 倍。每人每日食芹菜 800 克,可满足人体 1 日的需铁量,加上其他铁来源,可保证人体不发生缺铁之虞。这种施铁肥方法,不会产生铁量的毒害。

7. 高锌含量芹菜栽培技术

锌对儿童的生长发育、成人的性机能、智力等方面有重要作用。成人每日需摄取 15 毫克的锌。食品中以肉食,特别是牛肉、海产品、禽肉、鸡蛋粉等含锌量较高。我国人民以素食为主,缺锌状况较普遍且严重。我国黄土高原和华北平原地区,土壤中锌含量不高,农作物中的含锌量也较少,不少人患锌缺乏症。因此,利用强化营养栽培技术,增加芹菜锌的含量,改善我国人民身体锌的供应状况,具有重要意义。

但是,摄入过量的锌会使人体发生中毒现象。成年人摄入 2 克以上的锌即中毒。通常的食品与蔬菜含锌量极微,不会引起摄入过量。

(1)锌肥施用技术 目前生产上应用较多的锌肥,是硫酸锌、氧化锌和氯化锌等,其中以硫酸锌施用最为广泛。硫酸锌又名锌矾、矾。含锌 22.3%,无色针状结晶或粉状结晶,易溶于水。一水硫酸锌含锌 35%,为白色粉末结晶,溶于水。施用方法如下:

①**土壤施肥** 每 667 平方米用硫酸锌 0.75～1.0 千克,与有机肥料或生理酸性肥料混合均匀后施入土中,深翻入土至蔬菜根际附近。避免与碱性化肥或草木灰混用,勿施在地表,因其流动性小,根系易吸收。

②**作种肥** 芹菜播种时,先开沟,沟中每 667 平方米撒施锌肥 0.5 千克。不可随种下肥。可用 0.02%～0.05%硫酸锌液,浸种 12 小时。

③**根外追肥** 用 0.05%～0.2%硫酸锌液,作叶面喷施,每 667 平方米用溶液 50～60 升。

硫酸锌有毒,施用不可过量。

(2)施锌肥后的效果 据 1989 年济南市农科所试验,番茄生长期喷 0.1%硫酸锌一次,可使茄果锌含量由 0.202 毫克/100 克,增加到 0.380 毫克/100 克,提高 88%。据各地化验资料表明,在缺锌土壤上生产芹菜含锌不足 0.07 毫克/100 克,而在富锌的土壤上芹菜含锌量可在 0.1 毫克/100 克以上,增长幅度近一倍。利用强化锌栽培技术,可望大大增加芹菜的含锌量,部分地缓解我国人民缺锌的状况。

8. 高钼含量芹菜栽培技术

钼对人体健康有重要作用,对多种营养物质的消化代谢的酶有参与作用。成人每日需摄食 0.15~0.5 毫克的钼。正常的膳食中钼的含量并不缺少。特别是多种蔬菜如菜豆、菠菜、甘蓝、胡萝卜和芹菜等菜中的含钼量并不低,只要食品的产地来源多样化,即可满足人体对钼的需要。但是,我国人民受经济水平的限制,农产品特别是蔬菜产品一般是当地产,当地吃。所以,缺钼现象在我国还是存在的。我国各地的土壤中尚未见有含钼量过高而造成人、畜中毒者,而缺钼地区却较多。因此,采用强化栽培措施,增加芹菜钼含量很有必要。人体摄取钼超过 10~15 毫克/日时,会发生中毒现象。一般强化营养栽培措施,不会使含钼量超过中毒剂量。

(1)施钼肥技术　常用的钼肥有钼酸铵,含钼 54.3%,无色或浅黄绿色,菱形结晶,溶于水,水溶液为弱酸性反应。在空气中易风化失去结晶水和部分氨。钼酸钠,含钼 39.6%,白色结晶粉末,溶于水。目前常用的是钼酸铵。施用方法如下:

①**土壤施钼**　每 667 平方米施钼肥 50~100 克作基肥。施用时,把钼盐加到过磷酸钙中,制成含钼过磷酸钙,每 3~4 年施用一次即可。

②**作种肥**　可用 1~3 克钼酸铵与 500 克马铃薯种拌匀后播种。

③**根外追肥**　根外追肥时,先把钼酸铵用热水溶解,再加凉水至浓度为 0.02%~0.05% 的溶液,在芹菜的苗期和叶初生长期各喷 1~2 次,每次每 667 平方米喷施 40~75 升。

(2)施钼肥后的效果　据国外有关人士分析,芹菜的含钼量为 0.002 毫克/100 克鲜菜以下。利用上述强化营养栽培技术,可以大大提高这一含量。

9. 高硒含量芹菜栽培技术

近年来,硒对人体作用的研究不断深入,其防治心脏疾病、癌症等功效越来越引人注目。从膳食中摄入足量的硒已引起世人的重视。各种食物中的含硒量都很低,这与土壤中含硒量低有关。加上在食物烹调过程中还会损失部分硒。所以饮食缺硒是必然的。成人每日只需摄取 50～200 微克硒即可满足需要。据有关统计,我国有 3 亿人以上缺硒。因此,利用栽培技术强化蔬菜硒含量的任务十分紧迫。

由于硒的无机盐有毒,施用过量很易造成人、畜中毒。所以应用技术严格,一直未能大面积开发。近年来,黑龙江省的科技人员研制成功了"强化植物富硒剂",取 10～20 毫升加水喷到小麦、玉米、水稻或大豆上,可使每千克上述粮食含硒量达 100～300 微克。每人每日食用上述粮食 400 克,即可满足人体对硒的需要。在喷药时,以作物的开花期至乳熟期喷用最好。每天以早晨 8 时前、下午 4 时后、无风无雨、叶面无露珠时施用为佳。因药液有毒,应严防药液入口和入眼,如溅到皮肤上即应迅速洗净。

这种富硒剂目前尚无应用到芹菜上的试验研究。由于多数蔬菜含硒量很低,如萝卜为 27 微克/100 克,胡萝卜为 2 微克/100克。所以,施用富硒剂后,预计芹菜会大幅度增加硒含量。

10. 高铁、锌、钼含量芹菜栽培技术

我国北方地区的土壤,很多是铁、锌、钼均缺乏的。在这些地区生产的芹菜,单纯增加一种微量元素的含量,仍解决不了人体所需的微量元素缺乏问题。为此,在强化营养栽培中,可同时增加几种微量元素的含量,使蔬菜更加符合人体的需要。把铁、锌、钼的施肥技术同时应用在芹菜上,即可达到这一目的。

铁肥和锌肥在根外追肥、土壤施肥和种肥应用中,可以混用。钼肥在应用中最好与上两种肥分开单独应用。根外追肥时应错开 2～3 天。经施用后,芹菜在产量增加的同时,其微量元素含量也大大提高了。生产这种芹菜,对于满足人体微量元素需求的意义更为巨大。

11. 芹菜富钙栽培技术

在芹菜生长发育过程中,钙是中量肥料元素,是其植物体的主要成分之一,植物体的代谢活动也离不了钙元素的参与。绝大多数土壤中含有丰富的钙,栽培中无须施用钙肥。目前,随着蔬菜栽培方式的改变,人为管理的偏差,导致出现了部分蔬菜缺钙现象。这一现象应引起人们的注意,并通过栽培措施加以防止。钙也是人体的重要组成部分。人主要通过摄取动、植物食品得到钙。近年来,由于生活水平的提高,生活环境的变化,某些方面可能出现了对钙吸收不利的影响因素,也有少数人产生缺钙现象。因此,利用栽培措施克服蔬菜缺钙现象,并通过栽培管理提高蔬菜的含钙量,以解决少数人的缺钙问题。

(1)钙对人体的作用　钙是人体的结构成分,约占人体成分的2%。体内99%的钙存在于骨骼和牙齿中,其余的1%分布在软组织和细胞外液中。钙在人体中主要由小肠吸收,吸收量为20%～40%。钙的生理功能,有调节血液凝固、肌肉的收缩和舒张、神经传递、细胞壁的渗透性、酶的活性、激素的分泌等作用。当人体缺钙时,会影响儿童的生长发育,患佝偻病、骨质软化症,成人会患骨质疏松症等。当人长期摄入钙过量时,亦会发生中毒症状,如高钙血症、肾结石和骨硬化等。据研究,成人每日适宜的钙摄取量为800～1 200毫克,儿童应适当增加。

(2)钙对植物的作用　芹菜主要通过根系吸收土壤中的钙离子。钙在植物中以果胶酸钙的形式,形成细胞壁的组分,有助于茎、叶、根的生长;钙是酶的活化剂;可中和植物中的有机酸,起解毒剂的作用;钙有助于制造碳水化合物。当蔬菜缺钙时,首先影响植物的嫩叶,会使其变形,长不大,异常黯黑;内层叶子胶着,干燥后粘在一起,叶尖钩起;根部生长明显受损,发生烂根;严重缺钙时,生长点干枯;有落叶和早开花倾向。常见的缺钙造成的病害,有茄果类蔬菜的脐腐病、大白菜干烧心、芹菜黑心病和萝卜黑心病等。当土壤中的钙过量时,蔬菜一般不会出现中毒症状。但是,钙过量会阻碍根系对镁、钾、磷的吸收,钙素过量还容易伴随着土壤pH值的升高,降低锰、硼、铁等微量元素的溶解性,使之变为无效态,从而导致蔬菜缺乏微量元素。

(3)芹菜富钙栽培技术 目前常用的钙肥有过磷酸钙、硝酸钙、氯化钙、消石灰粉和生石膏等。常用的施钙肥方法如下:

①土壤施肥 在酸性土壤中,可每 667 平方米撒施石灰粉50～100 千克,翻入土中;在碱性土壤中,可每 667 平方米撒施生石膏粉 50～100 千克。施用量应根据土壤的 pH 值确定,以施后土壤 pH 值接近 7 为度。中性土壤无须施用。

②根外追施 在生长期用 1%过磷酸钙或 0.1%氯化钙或硝酸钙作叶面喷施,每 5～7 天一次,连喷 2～3 次。

③田间管理 在保护地栽培中,冬季应尽量提高地温;少施铵态肥料,多施硝态肥料;加强管理,促进根系旺盛生长,提高吸收能力;浇水要均匀适当。上述措施均可防止钙营养缺乏症。

(4)施钙肥后的效果 在土壤缺钙时,增产效果尤其显著;土壤不缺钙时,利用根外追肥等施钙肥措施,亦不会引起副作用。钙供应过量不会出现毒性症状。施钙肥后,芹菜因缺钙引起的一些症状如黑心病等,均会减轻或消失。其含钙量也会大大提高,可由39 毫克/100 克鲜菜,提高到 118.4 毫克/100 克。

十一、高档芹菜产业化生产与栽培技术

(一)高档芹菜的产业化生产

1. 高档芹菜生产的含义

蔬菜是人们生活必需的商品,自然也就有高低档次之分。蔬菜的档次分类包括两个方面:一是指蔬菜中生产难度大、产量低、质地好的特殊蔬菜,如发菜和莼菜等,以其稀少而价格高,食用者少,被称为高档蔬菜;二是同一种蔬菜中质量好、包装精美的商品为高档蔬菜。同一蔬菜中档次的划分,主要依据蔬菜的生长质量(大小、粗壮、脆嫩程度)、外观质量(色正、新鲜、清香、外表美)、营养质量、贮藏期长短、有无公害、包装与加工情况等。以芹菜为例,高档芹菜必须是用印刷精美的无毒塑料袋包装的,品种一般为美国芹菜,单株重500克左右,洗净、去根、去叶、叶柄肥粗、脆嫩、柄色翠绿,有浓郁清香味,营养含量高,贮藏时间短,新鲜,无公害,无污染的芹菜。而带根、带叶、根上有泥、大小不齐、品种不良、萎蔫发黄、用麻袋或草绳包装或捆扎的芹菜,为低档芹菜。高档芹菜在商店出售,低档芹菜一般在农贸市场地摊上卖,单价比高档的相差10~20倍。

蔬菜的档次又称品位,高档蔬菜即为高品位蔬菜。这个档次与普通所称的质量有一定区别。蔬菜的质量,特别是生产上所称的质量,主要是指病虫害危害情况、长势状态、外观形态、新鲜程度等因素。蔬菜档次划分的条件,不仅包括质量的条件,还有加工、包装和贮藏等条件,并把营养含量和无公害、无污染因素,提到较高的位置。它对于蔬菜的流通和定价有一定积极作用,其社会意义更不可估量。高档蔬菜的生产,是要由菜农、加工者、贮藏保鲜者、运销者等多方共同协作,才能完成的社会系统工程。

2. 高档芹菜产业化生产的现状

我国的蔬菜规模化商品生产起步很晚,历史很短。从新中国成立后至20世纪70年代,蔬菜生产在计划经济为主的体制下,处于缓慢发展的状态。

20世纪80年代,由于改革开放,蔬菜生产开始步入市场经济的轨道。菜农可以根据市场需求种植蔬菜,蔬菜的数量、品种急剧增加。随着保护地生产的迅猛发展,我国蔬菜的周年生产、四季均衡收获,保障了充足的蔬菜供应,而且由卖方市场转变为买方市场。高档蔬菜的生产与销售,也悄然兴起。

进入 20 世纪 90 年代以来,各大城市相继提出了净菜上市的政策,要求进入城市的蔬菜必须经过初加工,去掉不可食用的部分,只把可食的部分进入市场销售。这一举措把过去的原菜上市变成为净菜上市,使我国的蔬菜生产与销售,由低档次跨入了高档次的发展,这不仅提高了城镇居民的饮食水平,减轻了家务劳动,也使广大菜农提高了生产素质和经济收入。

近几年来,我国人民的生活水平进一步得到提高,希望从市场上买到即食菜或只需稍经加热烹调就可食用的、无污染、无公害的蔬菜,和营养价值高的、包装精美的蔬菜,以保证身体健康。于是,高档蔬菜也就应运而生,纷纷出现在超级市场上,受到广大城镇居民的欢迎。

高档蔬菜的生产,不仅对广大消费者有利,而且也有利于菜农。高档蔬菜的生产不仅要有精细的生产管理,还要在产后进行仔细的加工和包装,在贮藏、运输与销售过程中,也要进行一系列特殊的人工管理。这一系列的产后服务,不仅为社会开拓了就业的门路,也为菜农致富开辟了重要的途径。

但是,目前我国蔬菜生产的档次还不高,生产技术还比较落后,发展还不平衡,远远落后于发达国家。因此,提高菜农的思想素质与生产技术水平,适应日益发展的市场需求,确实是当务之急。

(二)高档芹菜产业化生产技术

高档芹菜的生产,包括田间种植、收获、加工、包装、贮藏、运输及销售等多环节、多部门协同工作的过程。它不仅是种植业行业,还有加工业、运销业等诸多行业的相互合作与配合,因此生产高档蔬菜必然是产业化的生产。

高档芹菜的生产,应做好以下几项工作:

第二章　芹菜栽培技术

1. 优良品种

高档芹菜要选用优良的品种。它必须具备口味好、脆嫩、营养价值高、外形美观、人们喜爱等质量标准。只有这样的品种，消费者才会出高价采购。目前，最受消费者青睐的芹菜，是美国芹菜。

2. 栽培技术

在田间栽培时，应严格按照所需的技术要求，进行精细、科学的管理。使芹菜有充足的水肥供应，适宜的温、光条件。保证芹菜长得高大、粗壮、肥嫩，使单株重符合人们的习惯要求。一般美国芹菜单株重应在 500 克左右。

在管理中应保证芹菜无严重的机械损伤，无黄叶、黄叶柄以及其他不正常色泽的叶片或叶柄。

3. 病虫害防治

在芹菜生长期中，应及时进行病虫害防治，避免病虫害影响外观质量。在防治过程中，应严格按照防治技术及无公害防治技术的要求进行操作。不用国家规定的剧毒农药，农药用量不超标，采收前 15～20 天停止用药。以保证生产无公害、无污染的芹菜产品。

4. 施　肥

施肥应以农家肥为主，配合施化学肥料。化学肥料用量应通过化验土质后，进行配方施肥。这不但节约化肥，还可避免施用化肥造成的污染。具体方法参照无公害栽培技术中的化肥部分。

5. 生产环境

高档芹菜必须选用适宜的环境条件。为避免工业"三废"污染，应选距离污染环境远的地区进行种植。同时，还应选用多年种植粮食等的未施剧毒农药的地块。种植过棉花的土壤中残留剧毒农药过多的地块，不宜生产高档蔬菜。

6. 强化营养

高档蔬菜比一般蔬菜营养价值高。因此，在栽培过程中，必须采用强化营养措施,提高芹菜的微量元素等营养含量。具体操作详见强化营养栽培技术一节。

7. 采 收

芹菜采收要在植株最佳状态时进行。采收过晚,植株老化,纤维增多,空心率高;过早则单株重不足。采收时,单株必须符合人们喜爱的外观要求。美国芹菜的高度为 50～60 厘米,单株重为 500 克。

采收宜在早晨进行。此时植株最脆嫩,色泽鲜艳。下午采收则有萎蔫、不鲜之虞。

8. 加工技术

芹菜加工技术,是利用食品工业的各种加工工艺(包括物理方法、化学方法、机械方法和生物方法等)处理新鲜芹菜的方法。芹菜加工的目的,首先是提高芹菜产品的档次,增加经济效益;其次是能长期保存,经久不坏,随时取用。无论栽培技术怎样提高,栽培设施如何先进,芹菜的收获不可能是月月均衡的。在大量收获季节,为减少浪费,利用加工技术制成产品,可以延长供应期,做到旺季不烂,淡季不淡,以保证周年均衡供应。很多加工产品的色、香、味更佳,比鲜芹菜更富营养,更能刺激人们的食欲。

很多芹菜加工品为出口物资,目前我国生产的芹菜必须经过加工后才能出口。出口产品的价格大大高于鲜菜。绝大多数经过加工后的芹菜,价格高于一般鲜菜几倍到几十倍,可大大提高经济效益。

目前,我国菜农常用的加工技术如下:

(1)速冻芹菜 速冻芹菜的加工要点是:

①**原料选择** 选用鲜嫩、无病虫害、无损伤的优质芹菜。

②**洗净处理** 将芹菜去根、去梢、去叶后,只保留叶柄。然后用清水洗净,切成 3 厘米长的小段。

③**烫 漂** 在沸水中烫漂 1 分钟。

④冷　却　烫漂后的芹菜段立即投入冷水中冷却,至中心温度在 10℃以下。

⑤冻　结　将冷却的芹菜段沥去水分,置于工作温度为 -35℃的速冻机中冻结,冻至中心温度在 -18℃以下。

⑥包冰衣　将冻好的芹菜段,放入 3~5℃的冷水中浸一下 (3~5秒钟),立即捞出。包好冰衣后,装入塑料袋密封,在 -18℃条件下冷藏。

(2)单株芹菜　将单株重 500 克左右的芹菜,去叶,去根,只保留叶柄。洗净后装入塑料袋中。入恒温库预冷至中心温度为 0℃~3℃。运输时应在低温条件下进行。

(3)芹菜脯　芹菜脯的加工要点如下:

①原料选择　选用质地脆嫩、大小一致的芹菜,剔除腐烂、有病虫害的植株。

②处　理　芹菜去叶,去根,用清水洗净,切成 4 厘米长的小段。

③浸　泡　将芹菜段投入沸水中浸泡 1 分钟,捞出冷却。

④浸石灰　将芹菜段放进配制的浓度为 0.5%~1.0% 的石灰水内,浸泡 8~10 小时。浸后漂洗 2 遍,捞出沥干。

⑤浸　糖　在夹层锅内配制 45% 糖液,煮沸 5 分钟,倒入浸渍槽,再倒入芹菜,真空浸渍 1 小时。再用原糖液加 0.2% 柠檬酸浸 8~10 小时,捞出沥干。

⑥烘　制　将芹菜移入烘盘,在 60℃条件下烘制 25 小时,烘到含水量达 20% 左右即可。

9. 包　装

芹菜包装,是指芹菜在贮藏、运输和销售过程中,为保护其商品价值及状态,给芹菜施以适当材料和容器的技术。

(1)包装的目的和作用　通过包装,可以保护蔬菜,减少损耗,避免腐烂,方便运输,美化宣传,促进销售。包装可提高芹菜的档次,提高价格,增加经济效益。凡高档芹菜必须经过包装。

(2)包装的要求 芹菜包装的要求是科学、经济、牢固、美观、卫生和安全。目前的情况是:运往外地时要有大包装,零售以200～500克的小包装为宜。

(3)包装材料 低档芹菜的包装物是草包、麻袋和竹篓。较高档的芹菜包装为纸箱、塑料箱和大塑料袋(袋装 10 千克以上)等。目前高档芹菜均用 200～500 克的塑料袋密封包装,外用纸箱进行大包装。

(4)包装技术 无论是用塑料袋还是用纸袋,均需要无毒,无味,外表印刷精美。在袋装速冻芹菜时,要在低温条件下运销。在袋装单株鲜菜时,要密封在 0℃～3℃的条件下运销。包装应在清洁、无污染的环境中进行。包装后宜早上市销售,不宜贮藏过久。

10. 运 输

在蔬菜的收获、采购、加工处理、贮藏和销售的过程中,运输是一个重要环节。芹菜只有通过运输才能实现自身价值与商品价值。运输的要求是:及时、迅速地运送;运输中要达到保鲜的质量标准;要经济实惠。目前,常用的运输工具是拖拉机、汽车、火车和飞机等。无论用什么运输工具,都应注意保持蔬菜的适宜温、湿度环境。除了保持湿度(芹菜要保持空气相对湿度 95％以上)外,尤应注意温度条件。寒冬时应盖草苫、棉被、帐篷等,以保持温度在0℃～3℃,使其不受冻害。炎夏应在产品上叠放冰块,或用冷藏车,保持温度在 10℃以下,防止温度过高发生腐烂损失。

运输中最好的办法是快装快运,这样方能减少路途损失,降低成本。

凡高档芹菜都有一个运输过程,档次越高,运输越繁琐。因此,一定要注意运输质量。

11. 销 售

高档芹菜销售要有一定的条件。一般需在有冷藏设备、恒温设备的超级市场里才行。因为高档商店的职工具有管理高档商品的意识与素质,并备有低温设施条件,使高档芹菜产品处在低温条件下贮藏,可保证其销售质量。

12. 广泛宣传

高档芹菜外观鲜嫩、清洁,食用方便,易被辨认。但是,其无公害、无污染、营养价值高等内在质量,不易从外观上表现出来,故应通过新闻媒体大力宣传,让消费者了解高档芹菜的内在与外在质量,知道其优良的品质,以及对人体的良好作用,并使消费者认识到它的质量与价格是相符的。这样才能刺激消费、购买的欲望,扩大销路,开拓市场。

第三章　芹菜采种技术

芹菜是异花授粉作物,自然杂交率高,因此,原种繁殖田和良种繁殖田,都要与其他芹菜品种的种子田和生产田隔离1000米以上。小面积原种繁殖田可用纱网隔离,但需要实行人工辅助授粉。芹菜采种有老根采种和小株采种两种方法。

一、老根采种

老根采种,是用秋季栽培成熟的优良植株作为母株,采收种子。在秋芹菜收获时,在田间选留生长健壮,无病虫害,具有纯正原品种特性的、商品性优良的植株作为母株,连根拔起,假植在阳畦中越冬,翌年春天定植于露地,进行采种。

(一)育　苗

6月中下旬为播种适期,以培育苗龄一致的壮苗为主要目的。

苗床应选择肥沃、通风、向阳、排灌水和管理方便的场所。每667平方米采种田,需要假植母株3 000～3 500株。可根据采种面积安排苗床大小。

为了减少芹菜的病苗,播种前1个月应利用溴化烷进行土壤消毒。播种前15～20天,每3.3平方米苗床全面撒施腐熟厩肥10千克,石灰氮5千克,复合化肥500克,与床土混匀。种子在催芽前1天,用多菌灵1000倍液浸泡30分钟,水洗后阴干待播。在苗床上开10厘米宽、1厘米深的沟,实行条播、覆土,并盖稻草保墒。播种后,以保持苗床土壤湿润为准,适当灌水,10天左右发芽后即可除去稻草。

育苗期间要尽可能采取遮荫及防雨措施,不要让苗直接被日晒雨淋。苗期间苗 2～3 次,一般在真叶长出 3～4 片时进行,要求株距 3 厘米左右。间苗以在阴天或傍晚进行为好。

(二)定　植

定植一般在气温开始下降的 8 月中下旬进行。采种地应避免在前作发生过软腐病的地块。定植前的 15～20 天全面施入基肥,精耕细耙。选择有 6～7 片真叶的壮苗定植,不要定植过深,以免影响缓苗。

(三)田间株选

10 月下旬至 11 月上旬,收获前在田间进行株选,主要选择具有本品种典型性状、生长健壮、无病虫害的植株。在品种典型性状方面,主要应选择叶柄宽大而肥厚的植株。是选择实心还是空心,应根据品种特性而定。所选的植株应表面细致而光滑(纤维少、品质好),叶柄较长,基部黄白色而无紫色,叶片不大,叶数较少并集中于上部,以及侧芽未萌动,不易分蘖。

(四)假植越冬

将选好的种株,切去上部叶片,只留 17～20 厘米长的叶柄,假植于阳畦中或窖内,冬季盖草帘防寒。冬季可以越冬的地区,可直接栽到留种地里,盖上草粪或土越冬。假植时要将母株四周的枯叶、黄叶掰掉,然后每 4～5 株栽入一穴,穴距约 10 厘米。栽后浇一次透水,注意 11 月下旬以后外界气温的变化,做好防寒保暖工作。

(五)栽培管理

翌年早春(2 月上旬至 4 月上旬,因地区而异)定植于露地。

种株顶部盖土防冻,行距 50～60 厘米,株距 30 厘米左右。定植时,如墒情好可暂时不浇水,使植株迅速发根。开始生长后多中耕,少浇水。采种芹菜 4 月中下旬抽薹,抽薹后适当控制浇水。本芹种株分枝力强,如浇水过多易发生徒长枝("疯杈"),徒长枝越多种子越少。种株下部分枝出齐,尚未封垄前培土或搭架防倒伏。5月份以后,陆续开花结籽。开始开花后要及时浇水,并施速效性氮肥及磷肥,促进种子饱满。注意及时防治蚜虫。当分枝上有 7～8层花序,其中 5～6 层又结成种子时摘心。摘心过早,植株下部易发生更多的分枝,出现"倒青"现象,分散养分,对结实不利。7 月中下旬,可收获新种。

由于芹菜花序发生的先后不同,因而同一植株上种子的成熟期很不一致。为了保证种子的质量,应分期采种,一般每 667 平方米产种子 70～100 千克。

(六) 采 种

开花结实后 50 天左右,花伞变成黄褐色,就意味着种子已经成熟,可以采收。大面积采种时,见植株下部种子变黄即可全部采收,最好在晴天早晨收获,用镰刀将种株割下。将采收后的种株放在通风良好的仓库或露地,薄薄摊开晾晒,催熟 3 天,使种子更加饱满。待晾干后脱粒、过筛、簸净,再晾晒几天即可包装,入库贮藏。如果接近采收期时植株长势弱,易发生黑霉病,造成减产,形成不良种子,则应及时防治黑霉病。采收要及时,避开雨天,防止种子发霉变质,降低发芽率。

芹菜老根留种,由于进行了严格的选择,原芹菜品种的种性保留较纯,种子产量高而且饱满,生命力强,并可不断提高品种的优良种性。所以,在繁殖芹菜原种时,必须采用老根采种。但是,芹菜老根采种成本较高。

二、小株采种

(一)特　点

小株采种,是利用越冬芹菜冬前长成小苗,在能露地越冬地区直接播种或育苗移栽至采种田;在不能露地越冬地区将小株囤在阳畦或塑料小拱棚中,也可埋藏在窖内,翌春栽植于露地的采种方法。采用这种方法,种株开花结实约比老根采种法晚 10～15 天,种子产量偏低。这种采种方法由于不能根据成株的经济性状进行严格的选择,如连年采用,则容易引起品种退化。其优点是生产成本较低。

(二)方　法

小株采种可于 8 月中下旬播种,直播或育苗均可,视不同采种地区而别。育苗的于 10 月初栽植,一般定植在风障阳畦内,移栽前做宽 1.5 米、长 20 米的东西向阳畦,每 3～4 畦 1 组,留出风障畦和移栽畦。在栽培畦每 667 平方米施 5 000 千克土杂肥和 25 千克复合肥做基肥,深翻整平畦面,即可移栽。移苗前,育苗畦内要浇足水,以便于取苗。起苗时多带土,栽植后缓苗快,成活率高。定植株行距分别为 12～13 厘米,每 667 平方米 3.5 万～3.7 万株。栽植宜浅,以不埋住心叶为宜。覆土后埋实,栽完立即浇水(缓苗期最多浇两次水),7～8 天就能缓苗生长。缓苗后应适当控水蹲苗,促进发根和分化叶片。10 月下旬或 11 月上旬筑畦墙。北墙高 50 厘米左右,南墙高 30 厘米左右,东西墙为北高南低的斜墙,墙厚一般 30 厘米左右。盖薄膜前喷一遍 40%乐果乳剂 1 000 倍液防治蚜虫,浇一次透水,每 667 平方米随水施硫铵 20 千克。覆盖时间不宜过早,11 月上中旬在严寒到来之前覆盖薄膜。11 月下旬以后天气寒冷,夜间可加盖草苫或苇毛苫保温。覆盖薄膜后畦内蒸发量减少,浇水不可过多,保持土壤湿润,促进芹菜生长。要注意及时揭开草苫或苇毛苫见光,温度升高时要及时揭膜通风换气。白天畦内温度要保持在 15℃～20℃,不超过 25℃,夜间保持在 6℃左右,不低于 0℃。覆盖前期,气温偏高,草苫应掌握早揭晚盖,严冬要晚揭早盖,并减少通风量,尽量使芹菜多见阳光。连阴冷天,可在中午短时间揭开稍晾,不可连日不揭,否则易变黄,影响产量和品质。翌年 3 月中旬前后,将阳畦内的植株连根拔起,选择健壮、无病植株,定植于露地,密度可比老根采种的大一些,每 667 平方米 3 000～3 500 株。定植前在阳畦里可喷一次药,以防治蚜虫或各种真菌病害。定植后的管理与老根采种相同。

第四章　芹菜栽培中常用植物生长调节剂和常见问题的解决办法

一、芹菜栽培的常用植物生长调节剂

适用于芹菜的植物生长调节剂很多。绝大多数植物生长调节剂有增产、改善品质的功效。目前国内市场上出售的植物生长调节剂名目繁多,令人目不暇接。有些宣传单纯只说明植物生长调节剂的作用,而不讲清应用的范围和注意的事项,以致菜农盲目应用,而出现副作用的例子屡见不鲜。为此,菜农在应用植物生长调节剂时,要注意如下事项:

(一)浓度准确,用量适当

绝大多数植物生长调节剂在应用时,都有严格的浓度范围。浓度不足,促进生长作用或其他作用效果不明显;浓度过大,往往会起相反的作用,如抑制生长,徒长,叶面萎缩等。很多植物生长调节剂,如赤霉素、乙烯利等用量很少,浓度极低,应用时稍有不慎,就会发生副作用。因此,应用中应严格注意配制浓度与用量,一定要按使用要求进行配制和应用。

(二)施用时间和部位要恰当

有的植物生长调节剂用于花期;有的用于营养生长期;有的要施用于根部;有的要施用于茎、叶部。因此,应用植物生长调节剂时应根据不同的要求,在不同的时间或部位恰当应用,方会有益而无副作用。

（三）其他管理要跟上

植物生长调节剂多是起刺激生长的作用，不能代替其他的营养成分。在应用植物生长调节剂后，芹菜生长加速，需要的水分、矿质营养及其他营养增多，必须紧紧跟上。如果这些管理跟不上，不但不会起期望的好作用，反而会产生副作用。如赤霉素，有促进生长的作用，但施用后，如果水、肥不足，芹菜不但提高不了产量，还会发生增加空心和增加纤维含量的副作用。所以在应用时必须知道植物生长调节剂不是万能的，施用后应使其他管理措施都跟上，才能有效，否则不如不施。

（四）常用的植物生长调节剂

1. 赤霉素

又名920。播种前，用 $100\sim200$ 毫克/升液浸种 12 个小时，可打破休眠期，促进发芽；苗高 20 厘米时开始喷施 $20\sim50$ 毫克/升液，每 $7\sim10$ 天喷一次，连喷 $2\sim3$ 次，可促进生长，增加产量，改善品质。

2. 增产菌

播种前进行拌种，每千克种子用量为 $20\sim30$ 毫升；定植成活后，每 667 平方米用 $15\sim30$ 毫升加水喷雾，可提高品质，增强抗病性，增产率达 $10\%\sim20\%$。

3. 稀　土

定植缓苗后，用 $0.05\%\sim0.08\%$ 液喷布叶面，每 10 天喷一次，连喷 3 次，可增产 $11\%\sim20\%$。

4. 多效唑

从 $4\sim5$ 片真叶时开始，用 $200\sim500$ 毫克/升液喷布叶面，每 $10\sim15$ 天喷一次，可促进根、茎、叶的生长，提高光合作用和抗病性，增产率达 $25\%\sim40\%$。

5. 植物活力素

芹菜旺盛期,用 700 倍液喷雾,每 7～10 天喷一次,连喷 4 次。可增强抗逆性,降低发病率,增产 15%～20%。

6. 五四〇六

定植缓苗后用三号剂 600 倍液喷雾,每 7～10 天喷一次,连喷 3 次,可使植株增高,叶片增多,增产 25%～39%。

7. 腐殖酸钠

定植缓苗后用 250 毫克/升液,每 7～10 天喷洒叶面一次,连喷 4～5 次。可提高株高,使茎、叶肥厚,并且抗病、耐藏,使品质得到改善。

8. 天然芸薹素内酯

是目前最新的植物生长调节剂。在芹菜营养生长期每 20 天喷布一次 1/10000 液,连喷 3 次,可促进叶片光合作用,提高产量、改善品质。

二、芹菜生产中的常见问题及其解决措施

(一)先期抽薹

芹菜的食用商品是叶和叶柄,收获前植株长出花薹,称为先期抽薹。抽薹的芹菜植株,部分营养转入花薹的生长,供食用的叶柄产量必然降低。随着花薹的生长,叶柄的纤维增加,食用品质下降。越冬春收芹菜和春播夏收芹菜的先期抽薹现象非常严重,几乎不可避免,严重降低了芹菜的产量与品质。因此,采取有效措施克服和减轻先期抽薹现象是芹菜生产中的重要问题。

芹菜抽薹有三个条件:一是芹菜幼苗具备 2～3 个真叶后,即可通过春化阶段,发生抽薹现象;二是无论是芹菜秧苗还是成株,在 10℃ 以下的低温环境中就可通过春化阶段;三是在低温环境下

10天左右方可完全通过春化阶段。通过春化阶段后,在高温、长日照的条件下,植株就迅速抽生花薹,进入生殖生长阶段。越冬栽培芹菜的成株在冬季生长,抽薹的三个条件全部具备,但是由于在冬季上市,没有高温、长日照环境,其花薹仅处在萌芽阶段,因而一般不会影响品质。春季栽培的芹菜,是在冬季或早春低温条件下育苗,已通过了春化阶段。定植后在春季或夏季的高温和长日照条件下,抽薹几乎是不可避免的。因此,避免和减轻芹菜先期抽薹的重点,是春季栽培的芹菜。目前,避免和减轻芹菜先期抽薹的常用措施如下:

1. 选择冬性较强、生长旺盛的品种

芹菜品种中抗寒性强的实秸品种,在通过春化阶段时需要的温度较低,而且必须有充足的时间,即它们通过春化阶段比较困难,其冬性较强。这样的品种先期抽薹现象较轻。在选择品种时,还应注意选用生长旺盛的品种。这些品种在生产中,由于营养生长很旺盛,可抑制花茎的生长,不至于严重降低芹菜的质量。这类品种有玻璃脆芹菜、天津黄苗芹菜、意大利冬芹和北京棒儿春芹等。

2. 选用籽粒饱满的新种子

芹菜种子的使用寿命是 1~3 年。贮藏期超过 3 年仍有一定的发芽率。当年的芹菜种子,通过休眠期后,具有很强的生命力,其发芽率较高、发芽势较强,用这样的种子培育的植株生长旺盛、产量较高。随着种子贮藏年限的增加,种子内营养物质逐渐消耗,各种酶的活性大大降低,其发芽率和发芽势也逐渐下降。用陈种子培育的植株生长势弱,营养生长抑制不住生殖生长,往往是花薹伸长超过叶柄,使芹菜失去食用价值。为此,进行芹菜春季栽培时,应尽量使用新种子和籽粒饱满的良种。

当年或翌年的芹菜种子色泽鲜艳,有浓郁的芹菜香味,种子与种子之间的粘着力较强。多年的陈种子色泽暗淡,香味淡,种子之间的粘着力较差。购种子时可用此法鉴别,以便购得良种。

芹菜正常的留种、采种,是在秋播,以成株越冬,翌春移栽后留种。这样采的种子一般冬性较强,先期抽薹较轻。有些地区为了省工省力,利用冬播或早春播种后的春季栽培芹菜,原地间苗后直接留种。这些植株绝大部分是在幼苗期即通过春化阶段,营养生长不充分,结的种子也不充实,秕粒、空粒很多;加上都是利用先期抽薹的植株留的种子,冬性大大减弱。用这类种子作春季栽培芹菜,不仅产量不高,先期抽薹的可能性也大大增加。在生产中应切实避免使用这一类种子。

3. 避免通过春化阶段,促进营养生长旺盛

在春季芹菜栽培中,采取一切措施提高芹菜育苗畦的温度,避免通过春化阶段的低温,是减少先期抽薹的有效措施。春季栽培芹菜育苗时值寒冷的冬季,在阳畦内如能始终保持 8℃～10℃ 以上的夜温和白天 15℃～20℃ 的昼温条件,就可避免通过春化阶段。为达到这一目的,在生产中通常采取如下措施:适当晚播种、晚育苗,躲避高寒季节,在气温回暖时育苗,从而保持育苗畦内有较高的温度;播种前充分"烤畦",使播种前畦内有较高的温度;建好风障,加厚保温覆盖物如草苫、苇毛苫的厚度,提高防风保温性能;白天及时揭盖保温覆盖物,充分利用阳光,提高畦内温度;寒冷天气要及时覆盖保温覆盖物,减少畦内热量外逸;经常打扫、擦拭塑料薄膜,使之有较高的透光度;苗期少浇水,不浇大水,以免降低地温。

春季栽培的芹菜在生长阶段给以充足的水肥和适当的管理,促进旺盛的营养生长,有抑制生殖生长、减缓先期抽薹的作用。因此,在生长期间不能蹲苗,要适当多浇水,保持地面湿润,见湿不见干;经常追施氮素化肥。同时,要及时清除田间杂草。如果杂草丛生,与芹菜争夺水肥,则不仅影响芹菜生长,也能加重先期抽薹。与加强水肥的作用相同,及时防治病虫害,也有利于植株旺盛生

长,减轻先期抽薹的危害。

4. 喷施赤霉素

赤霉素对芹菜有显著的促进营养生长,提高产量,改善品质,减缓先期抽薹的作用。常用的浓度是20～50毫克/升。使用时先用酒精或60°的烧酒把赤霉素晶体溶解,再加冷水稀释至所需要的浓度。配制时切不可将粉剂加热,配好的水溶液易失效,应随用随配。赤霉素不可与碱性农药混用,更不可任意提高浓度,否则会使芹菜出现枯死或畸形。施用应在芹菜生长盛期进行,一般7～10天喷一次,连喷2～3次,收获前半个月停止喷施。喷施得当可增产20％以上,而且叶柄增长,质地脆嫩。但是在使用赤霉素时,必须加强水肥管理方能见效。

5. 及时早收与掰叶收获

春芹菜长成后,多数植株已有花薹,收获早的花薹短些,收获越晚花薹越长。因此要及时早收,以免花薹过长,降低品质。进行掰叶收获,也是防止先期抽薹的措施。在收获期,每隔15天掰取芹菜植株外围已长成又未老化的外叶1～3柄。随生长随掰收,但不要掰收太过,以免影响植株生长。掰后过3～4天及时追肥、浇水,促使幼叶迅速生长。这种收获方法能保持芹菜叶柄幼嫩,而且由于没有花薹,改善了商品的外观形象。

(二)空心现象

华北地区越冬栽培与秋季栽培的芹菜,以实秸品种为主。实秸品种抗寒性强,品质脆嫩,产量很高。当地人喜食实秸芹菜,所以秋冬季只有芹菜实心才好销售,才有较高的经济效益。在生产中常常出现的种是实秸芹菜,却有很多空心现象,影响了销售和经济效益。

芹菜的叶柄发达,有纵向的维管束,其周围是厚壁组织。维管束之间充满含有营养物质的薄壁细胞,这是食用的主要部分。实秸品种虽然也有很细的空腔,但叶柄髓部很小,而空秸品种叶柄髓部却较大。实秸品种和空秸品种之间没有明确的分界线,很多实秸品种叶柄的中下部也有较大的髓部空腔。通常把人眼能看出的空腔占叶柄长度 1/2 以上的品种,称为空秸品种;把空腔只占叶柄长度 1/2 以下的品种,称为实秸品种。因栽培措施的不同,空腔的长短也有变化。但是,一般实秸品种不论在任何情况下,它的小复叶柄都是实心的;而空秸品种的小复叶柄却都是空心的。有关实秸与空秸品种的划分是相对的,很多中间类型的品种很难区分它是实秸还是空秸。

公认的实秸品种,在种植过程中出现超乎常规的空心,称为空心现象。这种现象发生的原因及防止措施如下:

1. 确实选用实秸品种

在华北地区由于实秸芹菜种植面积较大,其种子价格显著高于空秸芹菜种子。由于价格的差异,不轨之徒常把低价的空秸品种种子冒充为实秸种子出售,以谋取暴利。这是当前生产上种植实秸芹菜而出现空心现象的主要原因。所以,在芹菜越冬栽培或秋延栽培时,一定要采用确为实心的品种。常用的有桓台实秸芹菜、潍坊实秸芹菜、意大利冬芹、美国芹菜等。玻璃脆的叶柄基部较宽,下半部虽有一定的空心现象,但仍属实秸品种。

2. 选用纯性实秸品种的种子

有些优良的实秸芹菜品种,经多年的种植出现退化现象,也会出现空心现象。如天津黄苗芹菜本属实秸,但近几年来也发现有很多空心种。有的在留种时,与空秸品种留种田相隔的距离太近,造成杂交而变成空心,因此在种植时,一定选用种性纯、质量好的实秸品种。

3. 栽培管理要到位

在芹菜生长过程中,特别是中后期,如遇高温、干旱、肥料不足和病虫危害等因素,芹菜的根系吸收水肥的能力下降,地上部得不到充足的营养,叶片生理功能下降,制造的营养物质不足。在这种情况下,叶柄中接近髓部的薄壁细胞,首先破裂萎缩,致使髓部的空腔变大,实秸品种的叶柄就成了空心的。高温干旱越严重,空心现象也越严重;不良的环境条件与栽培技术不当,是实秸芹菜出现空心现象的重要原因。为此,在生产中,除了定植后适当蹲苗外,在旺盛生长期前后一定要水、肥猛攻。特别是要经常浇水,保持土壤湿润。浇水还有降低地温,改善小气候,使之更适于芹菜生长的作用。浇水应坚持不懈,一直到收获前5~6天才能停止。及时防治病虫害,保持叶片有较强的光合同化能力,充足供应叶柄薄壁细胞所需的营养物质,也是防止空心现象的重要措施。与水肥的作用相同,在盐碱地、黏重地等不良的土壤中,实秸芹菜空心现象严重。因此,选择适宜的地块种植芹菜也至关重要。

赤霉素有促进芹菜生长的作用,但是只有在水肥供应充足、管理措施得当、芹菜本身比较粗壮时喷施,才能取得增产的效果。如果上述条件不具备,喷施赤霉素后,芹菜虽然长高,但外观细弱,则也容易出现空心现象。特别是某些半实秸品种,往往形成全部空心。因此,在施用赤霉素时,其他管理措施一定要跟上。半实秸品种更应慎用赤霉素。

4. 适期收获,合理贮藏

芹菜的收获期不明显,只要长成就应及时收获。如果收获期偏晚,叶柄老化,叶片制造营养物质的能力下降,根系的吸收能力减弱,这时芹菜会因老化和营养不足,使叶柄中的薄壁细胞破裂,而形成空心现象。所以,适期收获也是防止实秸芹菜发生空心现象的措施之一。

芹菜在贮藏期间,如干旱失水、受冻后化冻过速导致细胞失水等,也会引起空心现象。为此,在贮藏期根部泥土应一直保持湿润,受冻后不要急于提高温度与见光,而应使其在无光的条件下缓慢化冻后再见光。

（三）纤维增多

芹菜叶柄中的维管束周围是厚壁组织,在叶柄表皮下有厚角组织。厚角组织是叶柄中主要的机械组织,支撑叶柄挺立。在正常情况下,维管束、厚壁组织、厚角组织皆不发达,所以纤维素较少,叶柄脆嫩,品质好。在生产上往往因高温干旱、水肥不足等环境因素和栽培技术不当等原因,使厚壁组织增加,厚角组织增厚,薄壁细胞减少,而表现为纤维素增加,大大降低了食用品质。纤维增加的原因及防止措施如下:

1. 选用纤维少的品种

芹菜不同的品种间叶柄含纤维的多少差异很大。一般绿色叶柄的芹菜含纤维较多,而白色、黄绿色叶柄的芹菜含纤维较少。实秸芹菜比空秸芹菜含纤维少。在种植时应尽量选用含纤维少的品种。

2. 加强栽培管理

芹菜生长季节如遇高温、干旱和缺水等原因,芹菜体内水分不足,为保持水分,减少水分蒸腾,叶柄的厚角组织增厚与厚壁组织发展,因而使纤维增多。如果缺肥或发生病虫危害,则往往造成薄壁细胞大量破裂,厚壁组织、厚角组织增加,纤维素比率提高,因而食用时脆嫩感减少。为了防止纤维增多,改善品质,应加强水肥供应,多浇水降地温,及时防治病虫害等。

3. 应用生长调节剂和适时收获

生长旺盛期适当喷施 20～50 毫克/千克赤霉素,不但能提高产量,还能使纤维含量相对减少,改善品质。适时收获也是防止芹菜老化和纤维增多的措施之一。

（四）缺 硼 症

芹菜缺棚后,叶柄异常肥大、短缩,并向内弯曲,弯曲部分的内侧组织变褐,逐渐龟裂,叶柄扭曲以至劈裂。幼叶发病,由边缘逐渐向内褐变,最后坏死。

缺硼的原因:①土壤中有效硼缺乏;②高温、干旱条件下,硼的吸收受阻;③氮肥过多等抑制了硼的正常吸收,造成芹菜吸硼量不足。

防治方法,可采取土壤施硼的措施,每667平方米施硼砂1千克,以补充土壤硼素。叶面喷施0.1%～0.3%硼砂溶液,于芹菜生长中期喷施1～2次。

(五)叶柄开裂

芹菜的茎基部及叶柄开裂,影响商品外观品质,且容易引起腐烂变质。

发生叶柄开裂的原因,是前期在低温、干旱条件下,植株表皮角质化。后期突然遇高温,浇大水,其组织迅速膨大,表皮不能适应而开裂。

防治方法是增施农家肥,促进根系发育,增强抗旱能力;适时均衡浇水,防止忽旱忽涝。

第五章　芹菜的病虫害防治

一、病害防治

（一）芹菜斑枯病

芹菜斑枯病，又名晚疫病、叶枯病，俗称"火龙"。分布很广，全国各地均有发生。芹菜斑枯病在国外是很严重的病害，在国内一般危害叶片，损失不大，但在有些情况下病斑蔓延到叶柄及茎上，也能造成严重减产甚至毁产。无论露地、冷床、大棚或温室栽培，此病都能发生，是芹菜的主要病害。此病在贮运期间还能继续发生，造成损失。

【症　状】　芹菜斑枯病有大斑型和小斑型两种，叶、叶柄和茎均可染病。大斑型多分布在亚热带，小斑型多分布在温带。我国华南地区只发生大斑型，东北地区则以小斑型为主。芹菜斑枯病的发生一般有两种情况：一种是老叶先发病，后传染到新叶上。叶上病斑多散生，大小不等。初为淡褐色油渍状小斑点，逐渐扩大后，中间为暗褐色，开始坏死。外缘多为明显的绿红褐色，中间散生少量小黑点。这种类型多为大斑型，后期病斑可扩大到 3～10毫米。另一种是开始时不易与前者区别，但后期病斑中央呈黄白或灰白色。边缘明显，黄褐色聚生很多黑色小粒点，病斑外常有一圈黄色晕环，病斑直径不等，但多为小斑类型，一般很少超过 3 毫米，常数个病斑联合。叶柄和茎部染病，病斑褐色，长圆形稍凹陷，中部散生黑色小点。

【发病条件】　芹菜斑枯病由芹菜生壳针孢菌侵染引起。芹菜大斑型斑枯病由芹菜小壳针孢菌侵染所致。芹菜小斑型斑枯病由芹菜大壳针孢菌侵染所致,均属半知菌亚门,壳针孢属真菌。

病菌主要以菌丝体潜伏在种皮内越冬,也能在病株残体及种用根的残体上越冬。种皮内的病菌可存活1年以上。在病斑上的孢子8～11个月死亡,附着在种子上的可存活2年以上。播种带菌种子,出苗后即染病,在育苗畦内传播蔓延。在病株残体上越冬的病原菌,遇到适宜的温、湿度条件,产生分生孢子器和分生孢子,借风和雨水飞溅;借牲畜、农具和农事活动传播,将孢子传到芹菜上。在有水滴的情况下,分生孢子萌发,产生芽管,从气孔或直接穿透寄生表皮侵入体内。菌丝在寄主细胞内蔓延、发育,在病斑上产生分生孢子器及分生孢子,进行再次侵染。在100%的相对湿度和适温下,潜育期约8天。

影响斑枯病发生的重要因素,是冷凉高湿的气候条件。潮湿、多雨是分生孢子传播和萌发的必要条件。故在20℃～25℃温度和多雨的情况下,病害发生严重,并且能迅速蔓延和流行。另外,白天干燥,夜间有露水,或温度过高过低和芹菜生长不良,抗病力下降时,病害也会加剧。

【防治方法】

(1)选用无病种子或对带病种子进行消毒 从无病株上采种或利用存放两年的陈种。使用新种子一定要进行消毒,可用48℃～49℃的温水浸种30分钟,边浸边搅拌,使种子受热均匀,浸种后立即放入冷水中降温,晾干后播种。此法虽然对发芽率有影响(降低10%),但消毒比较彻底。

(2)清除田间病株残体 染病地块应进行2～3年轮作,田间病株残体要进行集中沤肥或深埋。发病初期摘除病叶和黄叶,减少田间菌源。

(3)加强栽培管理 排开播种,以躲过发病适宜期;选黏壤土地栽培芹菜;采用小水勤浇,控制田间湿度,以减轻斑枯病的危害;

施足底肥,看苗追肥,以增强植株自身抗病力;适当密植,及时间
苗,创造良好的通风、透光条件,减少诱发该病的因素;保护地栽培
要注意降温排湿,白天控温在 15℃～20℃,高于 20℃要及时放风,
夜间将温度控制在 10℃～15℃,缩小昼夜温差,减少结露,切忌大
水漫灌。

(4)药剂保护　芹菜苗高 2～3 厘米时,开始喷药保护,以后每
隔 7～10 天喷一次药。常用的药剂有:45％百菌清烟剂熏蒸,每
667 平方米每次用 200～250 克;或 5％百菌清粉尘剂,每 667 平方
米每次用 1 千克。露地可喷 75％百菌清可湿性粉剂 600 倍液;或
60％乙膦铝可湿性粉剂 500 倍液,64％杀毒矾可湿性粉剂 500 倍
液,50％代森铵 1 000 倍液,65％代森锌可湿性粉剂 500 倍液,连
续防治 2～3 次。

(二)芹菜叶斑病

芹菜叶斑病,又称早疫病或斑点病。主要危害叶面,也发生在
茎和叶柄上,从苗床直到收获都可发病,多雨时特别容易发生,是
对芹菜危害较重的一种病害。

【症　状】　叶上病斑初期为水渍状黄绿色斑点,后发展为圆
形或不规则形,大小为 4～10 毫米,略为突起,褐色或暗褐色,边缘
色稍深不明晰,严重时病斑扩大汇合成斑块,终致叶片枯死。茎及
叶柄上初生水渍状条纹,后发展为椭圆形,3～7 毫米长,灰褐色,
稍凹陷。发病严重的全株倒伏。高温时,上述各症状均长出灰白
色霉层,即病菌分生孢子梗和分生孢子。霉层易被雨水洗掉,遇阳
光时很快消失。

【发病条件】　芹菜叶斑病由芹菜属孢菌侵染引起,属半知菌
亚门真菌。

病菌及菌丝体或菌丝块附着在种子或病株残体及病株上越
冬,也可在保护地栽培的病株上越冬。春季条件适宜时,产生分生

孢子,通过雨水飞溅、风、农具或农事操作传播,将分生孢子传播到芹菜植株上,当温度条件适宜时,分生孢子萌发,从气孔或表皮直接侵入。病菌在芹菜体内经过一段时间的蔓延,表现出叶斑病症状,形成再次侵染。

芹菜叶斑病菌发育的适宜温度为 25℃～30℃,分生孢子形成的适宜温度为 15℃～20℃,萌发适宜温度为 25℃。高温多雨或高温干旱,但夜间结露重,保持时间长,易发病。尤其是夏季育苗如不遮荫,则发病早而重。此外,缺水、缺肥或灌水过多,或植株生长不良等,都容易发病。

【防治方法】

(1)选用耐病品种 如津南实芹 1 号等耐病品种。

(2)种子选择及处理 从无病植株上采种,或用 48℃温水浸种 30 分钟,再在冷水中浸 5～10 分钟,也可将种子存放 3 年后再使用。

(3)搞好田间管理 实行两年以上轮作,深耕土地增施农家肥料。防旱、防涝,合理密植,科学灌水,防止田间湿度过高,高湿季节避免在高温时间灌水。及时清除病株残体,将其烧毁或深埋,以减少或消灭病原菌。

(4)科学育苗 高温季节育苗要半遮荫,以防日晒、热雨和暴雨,培育壮苗。

(5)药剂防治 发病初期,将病叶摘除,立即喷药。药剂可选用 50%多菌灵可湿性粉剂 800 倍液,或 50%甲基硫菌灵可湿性粉剂 500 倍液,或 77%可杀得可湿性粉剂 500 倍液,或 75%百菌清可湿性粉剂 600～800 倍液。在保护地条件下,可选用 5%百菌清粉尘剂,每 667 平方米每次喷施 1 千克;还可施用 45%百菌清烟雾剂,每 667 平方米每次熏施 200 克。一般隔 7～9 天施药一次,连续或交替施用 2～3 次。

（三）芹菜软腐病

芹菜软腐病，又称"烂疙瘩"。主要发生于叶柄基部或茎上。芹菜软腐病菌从伤口侵入，在高温多湿的条件下容易繁殖。所以，在保护地栽培时，多在收获前发生，危害很大。它不仅危害芹菜，还危害十字花科蔬菜、马铃薯、番茄、辣椒、大葱、洋葱和胡萝卜等蔬菜。病菌寄主广泛，因此给防治造成一定的困难。

【**症　状**】　芹菜软腐病一般先从柔嫩多汁的叶柄组织开始发病，出现水浸状，形成淡褐色纺锤形或不规则形的凹陷斑，后呈湿腐状，变黑发臭，仅残留表皮。

【**发病条件**】　软腐病均由欧氏杆菌属细菌侵染所致。芹菜软腐病由胡萝卜软腐欧氏杆菌致病型细菌侵染所致。

芹菜软腐病病原菌，主要随病株残体在土壤中越冬。田间的发病株，春天的带病采种株，土壤中、堆肥里以及菜窖附近的病残体上，都有大量病菌，是主要的侵染来源。病菌主要通过昆虫、雨水和灌溉水传染，从芹菜的伤口浸入。由于芹菜软腐病的寄主广泛，所以，从春季到秋季能在田间各种蔬菜上传染繁殖，对各个季节栽培的芹菜都可造成危害。

从病原菌的特点来看，芹菜软腐病的发生，主要与土壤、伤口及气候条件有关。前茬病重地或重茬地的土壤中积累大量病菌，连作种植势必发病严重。芹菜多为移栽，在移植过程中，难免因伤根伤叶、折断叶柄而造成伤口，伤口愈合前都是软腐病菌入侵的有利时机。另外，昆虫也能在芹菜上造成伤害导致发病。气候条件中以温度和雨水与发病的关系最大。雨水多，温度高，植株体上的伤口不易愈合，使发病机会增多。

【**防治方法**】　防治芹菜软腐病应以加强栽培管理、防治害虫、利用抗病品种为主，结合药剂防治，才能收到较好的效果。

（1）**选好菜地**　实行两年以上轮作的耕地可选为种植地。

(2)搞好栽培管理 定植、松土或锄草时避免伤根;培土不宜过高,以免把叶柄埋入土中;雨后及时排水;发现病株及时挖除并撒入石灰消毒;发病期减少浇水或暂停浇水。

(3)药剂防治 发病初期,开始喷洒72%农用硫酸链霉素可溶性粉剂或新植霉素3 000~4 000倍液;14%络氨铜水剂350倍液;50%琥胶肥酸铜可湿性粉剂500~600倍液;95%CT杀菌剂水剂(醋酸铜)500倍液,每隔7~10天喷一次,连续防治3~5次。

(四)芹菜菌核病

【症　状】 芹菜菌核病危害芹菜茎、叶。受害部呈褐色水浸状,湿度大时形成软腐,表面生出白色菌丝,最后茎秆组织腐烂呈纤维状,茎内中空,形成鼠粪状黑色菌核。

【发病条件】 芹菜菌核病由核盘菌侵染所致,属子囊菌亚门真菌。

病菌主要以菌核遗留在土壤中或混杂在种子中越冬越夏,成为翌年初侵染源。子囊孢子借风雨传播,侵染老叶或花瓣,不能侵染健壮的叶和茎。初次侵染后,病菌获得侵染较为健壮茎叶的能力。田间再侵染多通过菌丝进行,发病后期,在病部上形成菌核越冬。

温度与湿度是影响发病的重要因素。子囊孢子萌发的温度范围是0℃~35℃,以5℃~10℃的低温最为有利。对湿度要求不严。菌丝不耐干燥,只有在带病株残体的湿土上才能生长,要求85%的相对湿度。对温度要求也不严格,0℃~30℃都能生长,但以20℃为最适。菌核形成的温度与菌丝生长所要求的温度一致。菌核形成后,遇到适当的环境条件即可萌发,萌发温度为5℃~20℃,以15℃左右最适宜。相对湿度在85%以上时利于该病的发生和流行。芹菜与十字花科、豆科等蔬菜连茬容易加重发病。排水不良、偏施氮肥、造成田间通风不良,往往加重发病。另外,大风有利于子囊孢子的传播，增加田间病株与健株间的接触传染，加重病害的发生和蔓延。

【防治方法】

第一，实行多年轮作；第二，从无病株上选留种子，或播前用10％盐水选种，除去菌核后再用清水冲洗干净，晾干后播种；第三，收获后及时深翻或灌水浸泡，或闭棚 7～10 天，利用高温杀灭表层菌核；第四，采用地膜覆盖，阻挡子囊盘出生，以减轻发病；第五，采用生态防治法，避免发病条件出现；第六，发病初期开始喷 50％速克灵或 50％异菌脲或 70％甲基硫菌灵可湿性粉剂 600倍液；或 50％多菌灵可湿性粉剂 500 倍液；第七，棚室采用 10％腐霉剂烟剂熏烟或喷粉，5～7 天防治一次，连续防治三次。

(五)芹菜黑腐病

【症　状】　芹菜黑腐病，多在接近地表的根颈部和叶柄基部发病，有时也危害根部。病部变黑腐烂，其上生许多小黑点。植株因病往往长不大，外边 1～2 层叶片常因基部腐烂而脱落。

【发病条件】　芹菜黑腐病由半知菌亚门，芹菜茎点霉菌侵染引起。以菌丝体或分生孢子器在病株残体上越冬。

【防治方法】　同芹菜叶斑病防治。

(六)芹菜心腐病

【症　状】　芹菜心腐病，是在高温环境下，大棚栽培容易发生的一种生理病害。最初绿色的心叶变成褐色，然后扩大，最后心部出现腐烂。

【发病条件】　芹菜心腐病是一种危害非常大的病害，该病的发生是由缺钙所引起。

【防治方法】　用硝酸钙 500 克溶于 18 升水中，用喷雾器对受害植株的心叶喷布两次就可以防除。此时，要紧的是喷布心叶部分,全株喷布则无效。

(七) 芹菜病毒病

芹菜病毒病,又称花叶病、皱叶病、抽筋病等。在全国均有不同程度的发生,高温干旱年份发病严重。

【症　状】　主要危害叶片。一般表现是出现黄绿相间的斑驳,后呈褐色枯死斑,边缘也可出现明显的黄色放射状病斑,并在全叶散生许多小点。病叶缩短,向上卷曲,菜心停止生长,甚至扭曲,全株缩小。有的叶片变细,呈丛生状。

【发病条件】　是由病毒引起的病害。病毒种类很多,有黄瓜花叶病毒、苜蓿花叶病毒、芹菜黄斑病毒等。

病毒主要在土壤中、病株残体上及多年生寄主体内越冬,依靠蚜虫和汁液传播。黄瓜花叶病毒主要以蚜虫传播。苜蓿花叶病毒汁液可以传播,豆蚜、瓜蚜等也可传毒。芹菜黄斑病毒主要靠汁液传播。

在高温、干旱、缺肥、缺水、植株生长不良的情况下发病较重,尤其是苗期遇到上述条件发病较重。蚜虫发生严重时,发病也重。

【防治方法】

(1) 选用抗病品种　现有的芹菜品种中,没有免疫或高抗品种。可选择较丰产又耐病品种,在生产上大面积推广种植。并在无病地块,挑选健壮无病、综合经济性状优良的单株留种。

(2) 加强栽培管理　适时播种,培育壮苗;防旱防涝,促进根系发育;加强田间肥水管理,增强植株耐病力。定植前淘汰染病植株。高温干旱季节育苗,应搭棚遮荫。

(3) 早期灭蚜　尤其要注意苗期防治蚜虫。可选用以下药剂:40%乐果乳油1 000倍液,20%杀灭菊酯3 000～4 000倍液,70%吡虫啉10 000-15 000倍液,50%啶虫脒2 500-3 000倍液,早期消灭蚜虫。

（4）化学防治　在发病初期,可选用下列药剂防治,每 7 天一次,连喷 3～4 次。高锰酸钾 1 000 倍液,20％盐酸吗啉胍 800 倍液,31％氮苷·吗啉胍 1 000 倍液,可在苗期或发病前防治,间隔时间为 10～15 天,连喷 3～5 次。

（八）芹菜灰霉病

【症　状】　本病可在芹菜生长的各个时期发生,主要危害保护地芹菜。苗期受害从根颈部开始发病,茎基部出现水浸状斑。在保护地湿度大的条件下,从水渍状处长出白色霉层。成株期发病,新老叶片及叶柄部均可受害。初期为水浸状斑,以后缢缩,叶柄折倒或折断。潮湿时断处长满灰白色霉层。严重时芹菜整株腐烂。

【发病条件】　由半知菌亚门灰葡萄孢菌侵染引起,病菌以菌丝体随病残体在土中越冬。

在保护地中管理粗放、光照不足、湿度较高(相对湿度在 90％以上)、温度较低(在 20℃以下)时,有利于发生此病。发病率在 50％左右。在阴雨、气温偏低、不及时放风、棚内湿度大时,病害严重。

【防治方法】　第一,培育壮苗,加强管理,注意保护地通风降湿,防止湿度过大;第二,及时清除病株,烧毁或深埋;第三,药剂防治,可选用有效药剂,每隔 7～10 天喷药一次,连喷 3～5 次。可供选用的药剂为:50％腐霉剂 2 000 倍液;50％异菌脲 1 500 倍液;50％福美双 600 倍液;75％百菌清 600 倍液;50％多菌灵 500 倍液;70％代森锰锌 500 倍液。

（九）芹菜根结线虫病

该病在国内分布十分普遍,它直接影响蔬菜作物生长发育。

【症　状】　芹菜根结线虫病只发生在根部,侧根和支根最易受害。发病初时,侧根和支根上产生很多大小不等的瘤状根结。剖视根结,可见病组织中有乳白色细小的洋梨形雌虫埋在其中。根结以上部分常可产生细小新根,以后再感染又形成根结状肿大。发病轻的植株地上部没有明显症状,重病株地上部分表现生育不良,植株较矮小,叶色暗淡,但病株很少提早死亡。在天气干旱或浇水不及时时,常表现缺水萎蔫状。

【发病条件】 芹菜根结线虫病是由线形动物门,根结线虫属的线虫侵染所引起。病原线虫雌雄成虫异形,幼虫均为细长的蠕虫状,雌成虫梨形,大小为 0.44～1.59 毫米×0.26～0.81 毫米,多埋藏在寄主组织内,刺激寄主组织细胞增生,形成根结。雄成虫线状,无色透明,大小为 1.0～1.5 毫米×0.03～0.04 毫米,主要在土壤中生存。幼虫均为线形,无色透明,较雄虫小,初期无雌雄分化。

线虫以 2 龄幼虫在土壤中,或以卵随病株残体在土壤内越冬。翌春条件适宜时,越冬卵孵化为幼虫,越冬幼虫继续发育,遇有寄主植物,幼虫从幼嫩根部侵入,刺激细胞增生,形成瘤或结,称为虫瘿。幼虫在虫瘿内发育至 3 龄时开始分化,4 龄时交尾产卵,此后雄虫就离开寄主进入土壤中,不久即死亡。卵在根结内孵化,1 龄在卵内发育,2 龄脱离寄主进入土中,再次侵染或越冬。主要通过灌溉水、病土、病苗或带虫的块根、块茎等传播。

线虫在地温 25℃～30℃,土壤持水量为 40％左右时生长发育最适宜,在 10℃ 以下停止活动,致死温度为 55℃,5 分钟。

根结线虫是好气性的,凡地势高燥,结构疏松,含盐量低呈中性反应的砂质土壤,均适于线虫的活动,因而发病严重。低洼潮湿、结构板结的黏重土壤等不利于线虫活动,故发病较轻。4 个月以上的长期浸水或长期干燥,线虫即死亡。

线虫多分布在土壤表层 20 厘米以内,以 3～10 厘米的深度范围内最多。进行深翻,可把线虫翻到底层。由于土壤底层透气较差,线虫活动性不强,可消灭一部分越冬害虫,同时翻后表层土壤疏松干燥,也可消灭部分线虫。此外,由于线虫的种类很多,不同的种只能寄生少数的寄主,而不能广泛寄生,所以,连作发病重,而轮作发病轻。

【防治方法】

(1)实行轮作 实行 3～4 年的轮作,最好实行与禾本科作物轮作。

(2)深翻土地 秋季或冬初深翻土地,可消灭部分越冬害虫。

(3)无虫育苗 在无病土壤上育苗,有条件时可用无土育苗,防止秧苗带虫。

(4)栽培管理 田间发现病株,或收获后,把病株残体集中烧毁或深埋,以减少田间病原。加强田间管理,合理浇水施肥,可促进植株健壮生长,提高抗病力,减少发病损失。

(5)药剂防治 育苗床在播种前 14～21 天,用毒死蜱(480克/升乳油)的 1 000 倍液,或 5%阿维菌素 4 000 倍液土壤处理或灌根,杀灭根结线虫。

二、芹菜苗期病害防治

春季栽培芹菜,在冬季或早春寒冷季节,秧苗易感染病害。主要的病害是猝倒病、立枯病和沤根。

(一)猝 倒 病

【症 状】 幼苗期受害严重,大苗期发病很少。发病初期,幼苗基部呈水渍状,黄褐色,后缩成线状。由于病害发展很快,幼苗子叶尚未萎蔫,幼苗就已倒伏,故称之为猝倒病。条件适宜时,成片幼苗猝倒。在高温高湿条件下,病株附近表土长出一层白色棉絮状菌丝。幼苗出土前被害时,常造成胚茎和子叶腐烂。

　　【发病条件】　猝倒病是真菌传播致病,病菌可在土壤中长期存活,在有机质多的土壤中营腐生生活,并产生孢子囊,然后产生游动孢子侵害幼苗,引起幼苗猝倒。病菌可随雨水和灌溉水流动而传播。未腐熟的带菌肥料亦可传播病害。猝倒病发病的最适条件是土壤湿度大和后期 15℃ 以下的低温条件。因此,在冬季长期阴雨天气,苗床温度过低,播种过密,浇水过多的情况下,该病易大发生。一般情况下,幼苗第一片真叶出现前后,最易染病。

　　【防治方法】

　　(1)育苗地选择　育苗畦应建立在地势高燥、避风向阳、排灌方便、土质疏松而肥沃的无病地块,以未育过苗的大田地块为最好。如用旧苗床,则应进行土壤消毒,施有机肥时,应充分腐熟,以防病菌带入育苗畦内。育苗畦最忌建在地势低洼潮湿的地块。

　　(2)床土处理　如果用旧苗畦育苗,可用与无病害的大田换土,或者进行土壤消毒。常用的土壤消毒法是,把 50% 的多菌灵配成水溶液,按 1 000 千克土壤用 25～30 克多菌灵喷洒。喷后把土壤拌匀,用塑料薄膜盖严,2～3 天后即可杀死土壤中的病原菌。也可按照每平方米 8～10 克 50% 多菌灵,将农药与少量细土混合均匀,取 1/3 药土做垫层,播种后,再将其余 2/3 药土作为覆盖层。

　　(3)种子处理　为防止种子带菌传播病害,播种催芽前应先行种子消毒。常用的种子消毒法有温汤浸种,即用 48℃ 的温水浸泡种子,浸泡时,随浸泡随搅拌,待水温降至 30℃ 时,再行浸种处理。

　　(4)苗床管理　苗床的温度条件是病害发生的关键因素。苗床内长期处于 10℃ 以下的低温,则病害大量发生。为此,育苗畦内应尽力想法提高温度并保持在 15℃～25℃ 的范围内。提高育苗畦温度的办法有:适当掀揭和覆盖草苫;提高草苫的保温性能;改善风障的防风性能;及时清扫塑料薄膜,增加透光率;利用电热温床育苗技术等。苗床内湿度过高,也是造成发病的主要因素。苗期应尽量减少畦内湿度。一般在播种前浇水后,小苗期内基本不需要浇水。如果干旱需要浇水时,应在上午浇水,中午晾干,下午再盖塑料膜。切忌下午浇水后,立即扣上塑料薄膜,致使夜间幼苗处于高湿低温的条件下而大量发病。浇水也应以小水为主。苗期及时间苗,增加通风透光,降低湿度,合理施肥,也是提高幼苗抗病力的有效措施。在苗期经常向畦面撒施干草木灰,撒后用扫帚把叶面上沾的草木灰轻轻扫掉。可起到三个作用:一是草木灰加深了土壤表面的颜色,增加了吸收阳光的能力,提高了地温;二是干燥的草木灰吸收了部分土壤表面的水分,降低了空气湿度;三是草木灰本身有抑制病原菌的作用。这些均有防治苗期病害的作用。

(5)药剂防治　芹菜苗期发病后应及时拔除病株,并喷药防治。常用的药剂有 75% 百菌清 700～800 倍液喷洒,40% 乙膦铝 500～600 倍液喷洒;也可用硫酸铜 0.5 千克加碳酸铵 3.25 千克配制的铜铵合剂防治。其配制方法是,将硫酸铜和碳酸铵充分混匀,置于密闭容器内密闭 24 小时,使用时加水 600～750 千克喷洒;或用 72.2% 霜霉威盐酸盐 600 倍液喷雾。

(二) 立 枯 病

【症　状】　幼苗染病,茎基部产生暗褐色病斑。发病初期,幼苗白天萎蔫,晚上恢复,严重时,病斑扩展到整个茎基部,造成茎基部收缩,地上茎叶全部枯死,一般不倒伏,故称之为立枯病。在潮湿条件下,茎基部可见淡褐色的霉状物。幼苗、大苗均可感染此病,但育苗的中后期受害严重。

【发病条件】　立枯病也是真菌致病。此菌腐生性很强,在土壤中的病株残体或其他有机质上可存活多年。以菌丝或菌核在土壤中越冬,条件适宜时,侵害幼苗。立枯病菌发生的适宜温度在 17℃～28℃,在 12℃ 以下、30℃ 以上时,病菌受到抑制。温暖高湿,播种过密,通风不良,浇水过多和阴雨天气,均可加剧本病的发生。雨水、灌溉水、农具和带菌肥料，均可传播此病。

【防治方法】 同猝倒病防治。

（三）沤　根

【症　状】 幼苗出土后，生长极为缓慢，长期不长新根，幼根外皮呈锈褐色，逐渐腐朽，地上部分茎叶生长受到抑制，叶片逐渐发展，病株白天萎蔫，最后枯死。受害幼苗极易被从土中拔起。

【发病条件】 幼苗沤根是生理性病害。主要致病原因是苗期地温低（长期在 10℃ 以下）和湿度大。在冬季长期阴雪天气时，光照不足，加上土壤湿度大，就很易造成根系发育不良，呼吸作用受到障碍，吸收能力下降等而造成沤根。

【防治方法】 同猝倒病防治。

三、虫害防治

（一）蛴　螬

俗名白地蚕、蛭虫、土蚕、地蚕等，是鞘翅目金龟甲科幼虫的总称，其成虫通称金龟子。金龟子俗名铜克郎、金克郎、屎克郎、瞎撞子等。

【危害状况】 蛴螬在国内分布很广，各地均有发生，但以我国北方发生较普遍。蛴螬的食性很杂，是多食性害虫，能够危害多种蔬菜和粮食作物。蛴螬主要在地下为害，咬断幼苗根茎，切口整齐，造成幼苗枯死，或蛀食块根、块茎，造成孔洞，使作物生长衰弱，影响产量和品质。同时，蛴螬造成的伤口有利于病菌的侵入，诱发其他病害。成虫金龟子主要取食植物上部的叶片，有的还危害花和果实。

【形态特征】 危害蔬菜蛴螬的种类很多，常见的有大黑鳃金

龟子、黯黑鳃金龟子、铜绿丽金龟子等,其中以东北大黑鳃金龟子发生最为普遍和严重。它的形态特征如下:

(1)成　虫　体长 16～21 毫米,体宽 8～11 毫米,长椭圆形,黑色或黑褐色,有光泽,鞘翅上散生小刻点,另在前翅上各有 3 条纵隆起线,腹部末端外露。

(2)卵　初产时长椭圆形,长约 2～3 毫米,乳白色,表面光滑,孵化前呈球形,壳透明。

(3)幼　虫　老熟幼虫体长 35～45 毫米,身体弯曲,多皱纹,头部黄褐色,胸腹部乳白色,胸足 3 对,头部前顶刚毛每侧各 3 根成一纵列,肛门孔 3 裂,腹毛区钩状刚毛散生,无刺毛列。

(4)蛹　体长 21～23 毫米。裸蛹,初为白色,最后变为黄褐色至红褐色。头部细小,向下稍弯,复眼明显,触角较短,胸足 3 对,以后足最长,翅已明显。一般体长与成虫大小相仿,腹部末端有叉状突起。

【生活习性】　大黑鳃金龟子在我国各地多为两年发生 1 代,以成虫或幼虫越冬。成虫在土下 30～50 厘米处越冬。到 4 月中下旬地温上升到 14℃以上时,开始出土活动,5 月中下旬是盛发期,9 月上旬为终见期。5 月下旬在 6～12 厘米深的表土层里产卵,6 月中下旬为产卵盛期。6 月中旬开始出现初孵蛴螬,7 月中旬是孵化盛期,10 月中下旬幼虫入土 55～100 厘米深处越冬。翌春,土壤解冻就开始上升,当地温达 10℃以上时,即可上升到耕作层,开始危害蔬菜幼苗。7 月中旬到 9 月中旬老熟幼虫在地下做土室化蛹,约 20 天左右羽化为成虫。成虫当年不出土,在土室里越冬,翌年 4 月份开始出土。

成虫历期 300 多天,卵期 15～22 天,幼虫期 340～400 天,蛹期 20 天。

成虫白天潜伏,黄昏开始活动,晚上 8～11 时为取食、交配活动盛期,午夜后陆续入土潜伏。成虫有假死性和趋光性,对黑光灯趋性尤强。成虫产卵在作物的表土中,常是7～10粒一堆,共产卵100粒左右。幼虫也有假死性。

黯黑鳃金龟子的发生规律,与大黑鳃金龟子相似。

【发生条件】

(1)气候条件 蛴螬和成虫的发生与气候条件的关系极为密切。金龟子在大风大雨或大雨后不出土,在3级风以上时活动较少,气温在20℃～23℃以下时不活跃。大黑鳃金龟子在24.0℃～26.8℃时繁殖力最强。铜绿金龟子在气温为25.7℃以上,无雨、风力在2级以下时,成虫活动力最强,在气温为29.2℃～32.5℃以上时活动减少。

蛴螬终年栖息于土中,土壤温度的变化是影响其生长发育的重要因素。蛴螬常因温度的变化,而在土中做上下的垂直迁移。1年中蛴螬活动的最适地温为13℃～18℃,超过23℃时活动即逐渐下移;秋季地温降至9℃时,则明显向土壤深处移动;至5℃以下时就完全越冬;翌春地温在5℃以上时,又开始活动。

土壤湿度对蛴螬的影响更大。其生活环境的土壤含水量以15%～20%为宜。土壤含水量高于20%或低于10%时,即使温度适宜,幼虫仍不活动,而是向深层土壤移动。当土壤水分充足时,蛴螬生长发育良好,死亡率低。所以,在阴天下雨的情况下,特别是小雨连绵的天气中,表土湿度大,对蛴螬的活动有利,它的危害亦严重。因此,在低洼地、水浇地及雨水充足的旱地上,蛴螬发生严重。如果土壤过干,则卵不能孵化,幼虫易死亡,成虫的繁殖力和生活力也受到影响。土壤过湿也会影响蛴螬的活动和发育。当幼虫体长在15毫米以下时,受土壤湿度的影响最为显著,此时土壤过干或过湿均易死亡。当幼虫体长超过20毫米后,适应力就大大增加。

卵和蛹期的土壤适宜含水量为10%～30%,若含水量超过35%,卵就会发生腐烂而不能孵化。

(2)土壤条件 土壤质地和有机质含量等土壤条件,对金龟子的产卵和幼虫的活动均有影响。蛴螬多发生在保水性较强的壤土、轻砂黏土及轻砂壤土中,砂质土壤中发生较少。大黑鳃金龟子的适应性较强,即使在偏砂性的土壤中,虫口密度仍较大。土壤中有机质含量高,有利于蛴螬的发生,成虫喜产卵在有机质多、施厩肥多的田块。这种田块,土壤的理化性状优良,土质疏松,保水力强,地温高,有利于蛴螬生活。同时厩肥也是蛴螬幼时的食物,因而在肥沃、有机质多、干湿适中的地中发生较多。

(3)茬口条件 前茬作物的种类对蛴螬的发生关系密切。通常前茬为豆类和玉米的田块发生较重,主要原因是金龟子喜食大豆叶,加上豆株长势旺盛,适宜成虫隐蔽,并就地产卵,初孵化的幼虫也可得到丰富的食料。所以,豆茬地蛴螬发生严重。

成虫对谷子的嗜好程度较差,加之谷根硬化快而分蘖少,不利于幼虫取食,所以不能诱集大量成虫产卵。

【防治方法】

(1)搞好预测预报 蛴螬的生活周期很长,长期生活于地下,数量变动较稳定。通过调查,可以准确地预报出发生的数量和危害程度,从而有计划有步骤地及时防治。预测预报的方法是在10 000平方米的面积内,选2～3个点。每点1平方米,掘地深30～70厘米,仔细寻找幼虫。一般1平方米1头虫时为轻度发生,3头以上时为严重发生。

(2)农业防治 秋季或春季深翻地,可将一部分成虫或幼虫翻至地表,使其被冻死、风干或被天敌捕食、寄生,以及被机械杀伤,从而增加害虫的死亡率,一般可降低虫量15％～30％。

多施腐熟的农家肥料,可改良土壤的结构,改善通透性状,提供微生物活动的良好条件,能促进蔬菜根系健壮发育,从而增强作物的抗虫性。

化肥中,碳酸氢铵、腐殖酸铵和氨水等含氨肥料施用后,能散发出有刺激性的氨气,对害虫有一定的驱避作用。

调整茬口,如前茬勿用大豆茬,可减轻蛴螬的危害。

(3)药剂防治 在成虫盛发期,可用 90%敌百虫的 800～1 000 倍液喷雾;或每 667 平方米面积用 90%敌百虫 100～150 克,加少量水后拌细土 15～20 千克,制成毒土撒在地面,再结合耙地,使毒土与土壤混合,以此杀死成虫。

用 50%辛硫磷乳油拌种,可以消灭幼虫。其药、水、种子的比例为 1∶50∶600。先将药对水,再将药液喷在种子上,并搅拌均匀,然后用塑料薄膜包好,闷种 3～4 小时。中间翻动 1～2 次,待种子把药液吸干后即可播种。

用杀成虫的方法制成毒土,在播种时,均匀撒在播种沟内,上面再覆一层薄土,以防对种子发生药害,此法可消灭幼虫。

在蛴螬已发生危害,而且虫量较大时,可利用药液灌根。一般用 90%敌百虫 500 倍液,或 50%辛硫磷乳油 800 倍液,5%阿维菌素 4 000 倍液,每株灌 150～250 克,可杀死根际幼虫。

(4)灯光诱杀 在成虫盛发期,每 30 000 平方米面积菜田,用 40 瓦黑光灯 1 盏,悬于距地面 30 厘米高处,灯下设盆,盆内放水及少量煤油,晚间开灯,可诱成虫入水淹死。

(5)人工捕杀 翻地时,人工拾虫杀之;苗期发现危害,可检查残株附近,捕杀幼虫;对成虫可利用其假死性,在比较集中的作物上进行人工捕杀。

(二)蝼 蛄

俗名叫拉拉蛄、拉蛄、土狗子等。

【危害状况】 在我国发生的蝼蛄,主要有非洲蝼蛄和华北蝼蛄两种。蝼蛄是多食性害虫,可以危害多种大田农作物和蔬菜的种子与幼苗。蝼蛄的成虫和幼虫均能为害,可在土中咬食刚播下种子的幼芽,或把幼苗的根茎部咬断,或把根茎部咬成乱麻状,致使幼苗倒伏,凋萎而枯死。蝼蛄除咬食作物为害外,还在土壤表层穿行,造成纵横隧道,使幼苗根部与土壤分离,失水而枯死。在保护设施温室、大棚、温床和苗圃里,由于温度较高,蝼蛄活动早,小苗又集中,受害更严重,往往造成缺苗、断垄,甚至全田毁种。

【形态特征】　蝼蛄属直翅目,蝼蛄科。

（1）成　虫　体呈纺锤形,黄褐色或黑褐色,头小,复眼也很小,触角丝状,较短,口器伸向前方。前胸背板卵圆形,发达,有1对粗短发达,适于开掘的前足,前翅短,仅达腹部的一半,后翅扇形,长大,折叠于前翅之下,有1对较长的尾须。

（2）若　虫　形似成虫,头小,腹部肥大,虫体随龄期增长,体色由浅变深,翅翼从无到有,逐渐长大。

（3）卵　椭圆形,初产出时黄白色,有光泽,后变为黄褐色,孵化前暗紫色,略膨大。

【生活习性】　非洲蝼蛄在江西、四川、江苏、陕南、山东等地1年发生1代,在陕北、山西、辽宁等地两年发生1代,在华北地区约3年发生1代。两种蝼蛄均以成虫或若虫在地下越冬,其深度在当地冻土层以下,地下水位以上。翌春,随着地温的上升而逐渐上移,到4月上中旬即进入表土层活动。5月中旬至6月中旬温度适中,作物正处于苗期,此期是蝼蛄危害的高峰期。6月下旬至8月下旬天气炎热,蝼蛄开始转入地下活动。此期正是华北地区蝼蛄的产卵盛期,而非洲蝼蛄已接近产卵末期。9月上旬以后,天气凉爽,大批若虫和新羽化的成虫又上升到地面为害,形成第二次危害高峰。10月中旬以后,随着天气变冷,蝼蛄陆续入土越冬。华北地区蝼蛄经2年生长发育,至第三年8月羽化为成虫,翌年开始活动产卵。

蝼蛄一天的活动是昼伏夜出,以晚上9～11时活动最盛,特别是在气温高、湿度较大、闷热无风的夜晚,大量出土活动。在气候凉爽的早春和晚秋,多在表土层活动,不到地面上来。白天常躲在深土层里。蝼蛄都有趋光性,对香味、酒糟和马粪等有强烈的趋性。蝼蛄喜在低湿的河岸、菜园地活动为害,高燥地不易发生。

【发生条件】 蝼蛄生活在土中,土壤温度对其活动有很大的影响,当气温在 12.5℃～19.8℃,20 厘米深地温在 15.2℃～19.9℃时,蝼蛄活动最盛,危害最严重。温度过高或过低,蝼蛄就潜入土壤深处。在保护地内地温较高,蝼蛄的危害也较早。

土壤湿度对蝼蛄的影响也很大,一般在 10～20 厘米深的土层中,土壤含水量在 20%以上时,活动最盛,小于 15%时,活动减弱。

蝼蛄的发生和地势及土质亦有密切关系。凡是湿润、疏松、含腐殖质或有机质多的土壤或砂壤土,适于蝼蛄活动,蝼蛄发生多,危害重;黏土不适于蝼蛄的活动,蝼蛄发生较少。低洼地、水浇地发生较多,菜地比大田发生多,距村庄近的地块比远的发生多。

【防治方法】

(1)搞好预测预报 蝼蛄的生活周期很长,长期生活于地下,数量变动较稳定。因此,通过调查,就可以准确预报出发生的数量和危害程度,从而为有计划有步骤及时的防治打下基础。预测预报的方法是,在 10 000 平方米的面积内,选 2～3 点,每点为 1 平方米,掘地深 30～70 厘米,仔细寻找幼虫。一般 1 平方米有 0.3 头虫时为轻度发生,有 0.5 头以上时为严重发生。

(2)采取栽培措施 有条件时进行水旱轮作,可淹死害虫。精耕细作、深耕细耙,不施未腐熟的有机肥等,造成不适于害虫的环境条件,可减轻害虫的发生。

(3)毒饵诱杀 用 90%敌百虫 0.1 千克,豆饼或玉米面 5 千克,水 5 升,豆饼粉碎炒熟,敌百虫溶于水,和豆饼拌匀即成毒饵。每 667 平方米用毒饵 1.5 千克,撒在畦面或播种沟内,也可撒于地面上再耙入地里。在保护地内,可用上述毒饵,或用谷秕煮熟拌上敌百虫或乐果乳油,撒在蝼蛄活动的隧道处,诱杀蝼蛄。

(4)马粪或灯光诱杀 在田间挖 30 厘米见方、深 20 厘米的坑,坑内堆湿润马粪并盖草,每天清晨捕杀诱集的蝼蛄。有条件时,设置黑光灯诱杀蝼蛄。

(5)人工捕捉　早春根据蝼蛄造成的隧道虚土痕迹,查找虫窝,杀死害虫。夏季可查找卵室,消灭虫卵。

(6)药剂防治　在蝼蛄危害严重的地里,每 667 平方米用 5%辛硫磷颗粒剂 1.0～1.5 千克,均匀撒于地面后进行耙地,也可撒于播种沟内。蔬菜受害严重时,可用 80%敌敌畏乳油 30 倍液或 5%阿维菌素 4 000 倍液,灌洞杀灭成虫。

（三）地 老 虎

俗名地蚕、切根虫、黑地蚕、土蚕等。

【危害状况】　地老虎的种类很多,在我国常见的有三种:小地老虎、黄地老虎和大地老虎。其中,小地老虎属于世界性的大害虫,分布最广。

地老虎的食性极杂,是多食性害虫,可危害茄科、豆科、十字花科、葫芦科以及其他多种蔬菜,还可危害多种粮食作物和多种杂草。地老虎以幼虫危害蔬菜幼苗,将幼苗从茎基部咬断,或咬食块茎。

【形态特征】　地老虎属鳞翅目,夜蛾科。小地老虎的形态特征如下:

(1)成虫　体长 16～23 毫米,翅展 42～54 毫米,体暗褐色,雌蛾触角丝状,雄蛾双齿状。前翅黑褐色,翅面有肾形斑、环形斑、棒形斑各一个。各斑均环以黑边,在肾形斑外侧有三个楔形黑斑尖端相对,后翅灰白色。

(2)卵　半圆球形,直径约 0.5 毫米,表面有纵横的隆起线,初产出时乳白色,孵化前为灰黑色。

(3)幼虫　老熟幼虫体长 37～47 毫米。体形略扁,全体黄褐色至暗褐色,背面有淡色纵带,体表粗糙,满布大小不均的颗粒,腹部 1～8 节背面各有两对毛片。臀板黄褐色,有两条深褐色纵带。

(4)蛹 体长 18～24 毫米,赤褐色,有光泽。第五至第七节背面的刻点比侧面大,尾部黑色,腹部有黑褐色粗而短的刺两根。

【生活习性】 小地老虎在全国各地每年可发生 2～7 代不等,江南一带为 6～7 代,华北地区为 3～4 代,东北地区为 2～3 代。南方地区以老熟幼虫或蛹越冬,成虫也可越冬;华北地区的越冬地老虎可能是成虫,或是从南方地区迁飞而来。

小地老虎在春季危害最严重。华北地区为 5 月下旬至 6 月上旬,成虫白天隐蔽,夜间活动,在黄昏后交配、产卵。成虫活动受气候影响很大,10℃～16℃时活动最盛,低于 3℃或高于 20℃时则活动较少;夜间微风或阴天活动强,遇大风或降雨就很少活动或停止活动。成虫对黑光及糖、醋、酒类物质有明显的趋性。成虫产卵在小旋花科野生杂草上。平均每头雌蛾产卵 800～1 000 粒,卵期 4～10 天不等。幼虫共 6 龄,3 龄前大部分集中在植株的心叶里,或在附近的土表、土缝中吃食植物;3 龄后白天潜伏在土下,夜间及阴雨天出土活动,行动敏捷,食量大,密度大时有自残性,危害极大。大幼虫有假死性,受惊后缩成环形。幼虫期 30～40 天,老熟后潜入土下 5～6 厘米处做土室化蛹。蛹期 12.4～17.9 天。成虫寿命为 10～12 天。

【发生条件】 以小地老虎为例,适宜于温暖的气候条件。在日平均温度为 13.2℃～24.8℃时,对其生长发育和繁殖最为适宜,25℃以上就不适其发展,超过 30℃时,成虫的寿命就缩短,不能产卵。平均气温为 12.8℃,地温为 15.3℃,相对湿度为 73%时,成虫活动最盛;在气温为 9℃,地温为 13.8℃,相对湿度在73%以下时,成虫活动较少。

小地老虎适于潮湿的土壤环境,在低洼、多雨湿润的地区发生量大。它主要分布在河、湖、低洼内涝、雨水多及常年灌溉区。土壤湿度是影响小地老虎发生量的重要因子,适于小地老虎生长发育的土壤含水量为 15%～25%。

小地老虎多发生在地下水位较高的地方。砂壤土、壤土、黏壤土等土质疏松、保水力强、适于小地老虎发生;而丘陵地、干旱地区,及黏土、砂土地,对其发生不利。

在栽培中管理粗放,田间杂草多,或附近有荒地,诱成虫产卵多,则危害严重。成虫产卵期需要吸食花蜜,春季蜜源植物丰富,越冬代成虫营养充足,则产卵量大,危害严重。

黄地老虎的发生条件与小地老虎相似。

【防治方法】

(1)搞好预测预报　准确的虫情预报,可以做好诱杀成虫的准备和选好防治幼虫的适期。

成虫调查是利用黑光灯或糖、醋诱杀诱集成虫,逐日统计数量,诱蛾量最多的一天为发蛾高峰日。过 15～20 天为幼虫盛发期,是防治有利时期;再过 10～20 天,为幼虫危害盛期。如果一台诱蛾器连续两天诱到 30 头以上的成虫时,在正常条件下,即可预报有大发生的可能。

在低洼湿地,或杂草地,每 2～3 天检查一次,每次调查 5 个点,每点 1 平方米,仔细检查地上和地下,记载幼虫数量及虫龄。在定苗前,平均每平方米有虫 0.5～1.0 头,定苗后有虫 0.1～0.3 头,或每 100 株苗有虫 1～2 头时,即应进行防治。

(2)田间管理灭虫　早春及时铲除地头、田边、地埂及路旁的杂草,集中带到田外沤肥或烧毁,以消灭草上的虫卵。秋翻或冬翻地并冬灌,可以杀死部分越冬幼虫或蛹,减少翌年虫量。春季耙地,可消灭地面上的卵粒。

(3)人工捕捉　在田间发现有断苗时,在清晨拨开断苗附近的表土,即可捉到幼虫,连续进行捕捉,效果良好。

(4)诱杀成虫　利用糖醋液或黑光灯在田间诱杀成虫。黄地老虎喜欢在芝麻、苜蓿等幼苗上产卵,春季可利用这些植物诱集成虫产卵。当诱集植物出苗后,每5天喷一次药,20天后把植物处理掉,可有效地消灭成虫和卵。

(5)诱杀幼虫　以泡桐树叶诱杀,采集新鲜的泡桐树叶,用水浸泡后,每667平方米放50～70张泡桐叶,于傍晚放在被害田里,次日清晨人工捕捉叶下幼虫。

还可以用毒草诱杀,用90%敌百虫50克,均匀拌和切碎的鲜草30～40千克,再加少量的水,傍晚撒在菜田附近诱杀幼虫。

(6)药剂防治　对地老虎3龄前的幼虫,可每667平方米用2.5%敌百虫粉剂1.5～2.0千克喷粉。或加10千克细土制成毒土,撒在植株周围。或用80%敌百虫可湿性粉剂1 000倍液,或用50%辛硫磷乳油800倍液,或用20%杀灭菊酯乳油2 000倍液,毒死蜱1 000倍液,或5%阿维菌素4 000倍液,进行地面喷雾。

在虫龄较大时,可用50%辛硫磷乳油,或50%二嗪农乳油,或80%敌敌畏乳油1 000～1 500倍液,或毒死蜱(480克乳油)1 000倍液,或5%阿维菌素4 000倍液,进行灌根,杀死土中的幼虫。

(四)蜗　牛

俗称蜒蚰螺、水牛等。属软体动物门,腹足纲,柄眼目,巴蜗牛科。

【危害状况】　蜗牛在全国各地普遍发生,分布很广,以南方及沿海潮湿地区发生较重。蜗牛的食性很杂,主要危害豆科、十字花科和茄科蔬菜,以及粮、棉、果树等多种作物。初孵幼贝食量较小,仅食叶肉,留下表皮;成贝以齿舌刮食叶、茎,造成空洞或缺刻,严重者咬断幼苗,造成缺苗断垄。

【形态特征】　蜗牛在我国主要有同型巴蜗牛和灰巴蜗牛两种。以同型巴蜗牛为例,其形态特征如下:

(1)成　贝　头发达,位于体前端,头上有两对触角,眼在后触角的顶端,口位于头部腹面。足在身体腹面,适于爬行。体外具有一螺壳,呈扁圆球形,壳高 12 毫米,宽 16 毫米。壳质较硬,黄褐色或红褐色。成贝爬行时体长 30~36 毫米。

(2)卵 圆球形,直径约 2 毫米,乳白色,有光泽,逐渐变为淡黄色,孵化前变为土黄色。

(3)幼 贝 体较小,形态与成贝相似。

灰巴蜗牛与同型巴蜗牛相似,主要区别是壳高,灰巴蜗牛为 19 毫米,同型巴蜗牛为 12 毫米。壳宽,灰巴蜗牛为 21 毫米,同型巴蜗牛为 16 毫米。螺层,灰巴蜗牛为 5.5~6.0 层,同型巴蜗牛为 5~6 层。壳口形式,灰巴蜗牛为椭圆形,同型巴蜗牛为马蹄形。脐孔形状,灰巴蜗牛为缝状,同型巴蜗牛为圆孔形。

【生活习性】 同型巴蜗牛 1 年发生 1 代,以成贝或幼贝在菜田、灌木丛及作物根部、草堆石块下及房屋前后等潮湿阴暗处越冬,壳口有白膜封闭。越冬蜗牛在南方 3 月初即开始取食为害,4~5 月份成贝交配产卵,并危害大量作物。到了夏季干旱季节便隐蔽起来,不食不动,并用白膜封口。干旱季节过去后,又继续危害秋季作物。11 月下旬,进入越冬状态。在北方地区,春季活动晚 1 个月,进入冬眠早 1 个月,在保护地内发生更早,危害期更长。

蜗牛为雌雄同体,异体受精,亦可自体受精。每一个体均能产卵,卵产在潮湿疏松土的外表或枯叶下,蜗牛一生多次产卵,从 3~10 月份均能产卵,以 4~5 月份或 9 月份产卵量最大,卵期 14~31 天。若土壤过分干燥,或卵翻在地表接触空气,卵则不能孵化,或者爆裂。

蜗牛喜阴湿雨天,昼夜活动取食;在干旱的情况下昼伏夜出活动。蜗牛活动迟缓,爬行处留下黏液痕迹。

【发生条件】 蜗牛的发生与雨量有很大关系。若头一年 9~10 月份雨量较大,第二年春季雨量多且温度较高,则蜗牛在春季会大发生;干旱的年份发生较少。蜗牛的天敌很多,有步甲、沼蝇、蛙、蜥蜴以及很多微生物等,天敌的多少也直接影响蜗牛的发生量。

【防治方法】

(1)地膜覆盖 利用地膜覆盖,不仅有利于蔬菜生长发育,而且能抑制蜗牛的活动和发生,减轻危害。

(2)清洁田园 及时清理残株,铲除田边、地头、沟边等处的杂草,及时中耕,排除积水等,可破坏蜗牛的栖息和产卵场所,减轻危害。

(3)翻　地 进行秋季或初冬深翻地,可使部分蜗牛暴露在地面冻死或被天敌啄食,卵被晒爆裂。

(4)人工捕捉 利用树叶、杂草和菜叶等,在菜田做成诱集堆,天亮后集中捕捉。雨后天晴除草、松土,也可杀死部分蜗牛。

(5)药剂防治 在沟边、地头或作物间撒石灰带,每667平方米面积用5.0～7.5千克生石灰粉,或甲萘威6%颗粒剂,撒在作物附近,可防止蜗牛进入危害。

用蜗牛敌配成含有效成分2.5%～6.0%的豆饼或玉米粉等毒饵,于傍晚施于田间垄上进行诱杀;或用20%灭幼脲颗粒剂或10%多聚乙醛颗粒剂,每667平方米面积用2千克撒于田间。

当清晨蜗牛未潜入土中时,用灭幼脲800～1 000倍液,或硫酸铜800～1 000倍液,或氨水70～100倍液,或1%食盐水,喷洒消灭蜗牛。

(五)野蛞蝓

俗名无壳蜒蚰螺、鼻涕虫等。属软体动物门,腹足纲,柄眼目,蛞蝓科。

【危害状况】 野蛞蝓分布很广,主要分布在江南各省,以及河南、河北、新疆、黑龙江和山东等地。近年来,北方塑料大棚内渐有发生,且越来越严重。野蛞蝓的食性很杂,主要危害十字花科、豆科、茄科、菠菜及牛皮菜和多种粮棉作物。受害作物叶片被刮食，并被排泄的粪便污染，使菌类易侵入而使菜叶腐烂。

【形态特征】

（1）成　虫　体长 20～25 毫米，爬行时体长 30～36 毫米。体柔软无外壳，暗灰色、灰红色或黄白色。头部前端有两对触角，暗黑色。眼长在后触角的顶端，黑色。头前方有口，在口腔内有一角质齿舌。体背前端具外套膜，为体长的 1/3。其边缘卷起，内有一退化的贝壳（称盾板），外套膜有保护作用。腹足扁平，尾脊钝。腺体能分泌无色黏液，爬过的地方留有白色痕迹。

（2）卵　椭圆形，直径为 2.0～2.5 毫米，白色透明，可见卵核，近孵化时颜色变深。

（3）幼　体　初孵出时，体长 2.0～2.5 毫米，淡褐色，体形同成虫。

【生活习性】　野蛞蝓在云南、贵州一带 1 年发生 2～6 代，世代重叠，以成虫或幼体在作物根部湿土下冬眠越冬。在南方地区 4～6 月份在田间大量活动为害，夏季气温升高，活动减弱；秋季气候凉爽时，又开始活动为害。在北方地区，7～9 月间危害较重。成虫 5～7 月间在湿度大于 75％的土壤中产卵，卵多产在 3～4 厘米的土缝中，成虫平均产卵 400 粒左右，卵期为 16～17 天。野蛞蝓怕光照，在强光下 2～3 小时即被晒死。因此，该虫日出后隐蔽，夜间出外活动取食。其耐饥饿力很强，在食物缺乏或不良的环境条件下，能不吃不动。

【发生条件】　野蛞蝓的活动，与气候条件有很大关系。它们喜生活在阴暗潮湿的环境，畏光怕热，雨天后地面潮湿，或夜间有露水时活动最盛，危害严重。当气温达 11.5℃～18.5℃，土壤含水量为 20％～30％时，对其取食有利。当温度超过 25℃时，则潜到土缝或潮湿的土块下停止活动。当土壤含水量在 10％～15％或以下，或高于 40％时，则生长受到抑制或引起死亡。

【防治方法】

(1)地膜覆盖 进行地膜覆盖,不仅有利于蔬菜生长发育,而且能抑制野蛞蝓的活动与发生,减轻危害。

(2)药剂防治 每667平方米用25%敌百虫粉剂2～5千克喷粉,或加10千克细土制成毒土,撒在植株周围,或用80%敌百虫可湿性粉剂1 000倍液,或用50%辛硫磷乳油800倍液,或用20%杀灭菊酯乳油2 000倍液,进行地面喷雾。在虫龄较大时,可用50%辛硫磷乳油,或80%敌敌畏乳油1 000～1 500倍液,或毒死蜱1 000倍液,或5%阿维菌素4 000倍液,进行灌根,杀死土中的幼虫。

(六)甜菜夜蛾

甜菜夜蛾,又称白菜褐夜蛾。属鳞翅目,夜蛾科。

【危害状况】 甜菜夜蛾,是世界性害虫,在世界上分布极广。在国内分布也很广,主要危害地区是北京、山东、河北、河南和陕西,在东北、西北地区和长江流域各省也有分布,但危害并不严重。

甜菜夜蛾是多食性害虫,食性极杂,已知的寄主达171种之多。凡粮食作物和棉、麻、烟草、甜菜及各种蔬菜作物,都可以危害,蔬菜作物的29种均能受到危害,如白菜、萝卜、甘蓝、油菜及花椰菜等十字花科蔬菜;番茄、茄子和辣椒等茄果类蔬菜;菜豆和豇豆等豆类蔬菜;葱和韭菜等葱蒜类蔬菜;西葫芦、黄瓜和瓠瓜等瓜类蔬菜,以及芹菜、菠菜和胡萝卜等。

幼龄幼虫只食叶肉,留下表皮,呈透明斑。3龄幼虫可将叶片吃成缺刻,4龄、5龄幼虫可将叶片全部吃光,仅留叶脉和叶柄。苗期受害,可使大批幼苗死亡,造成缺苗断垄,甚至毁种。

【形态特征】

(1)成 虫 体长9～13毫米,翅展20～26毫米,虫体及前翅黄褐色,或灰褐色。前翅内横线和亚外缘线,均为灰白色,环形纹小,肾形纹大而明显,皆为黄色,外缘有一列黑色三角形斑纹。后翅白色,半透明,有红色闪光。腹部末端鳞毛较多。

(2)卵　圆馒头形,直径为 0.3~10.2 毫米,白色,卵块上盖有雌蛾腹端的绒毛。

(3)幼　虫　老熟幼虫体长 22 毫米左右,体色有绿色、暗绿色、黄褐色、褐色及黑褐色等,胴部背面背线颜色同体色。气门下线为明显的黄白色纵带,有时带粉红色,每体节的气门后上方各有一个明显的白点。

(4)蛹　长 10 毫长左右,黄褐色,中胸气门深褐色,显著向外突出。臀棘上有刚毛 2 根。

【生活习性】　甜菜夜蛾在华北地区每年发生 5 代,以蛹在表土或土缝中越冬。在亚热带和热带地区无越冬现象。第一代幼虫盛发期在 5 月上中旬,第四代幼虫的盛发期在 9 月上中旬。主要危害大白菜、萝卜、甘蓝及胡萝卜等作物。

成虫昼伏夜出,白天藏在杂草丛及植物茎叶浓荫处,晚间出外活动,取食花蜜。对黑光灯及糖醋液有较强的趋性。每头雌虫产卵 38~1 686 粒,卵产在作物幼苗叶背、叶柄及杂草上。

幼虫共 6 龄。3 龄前有群聚性,吐丝拉网,在其内咬食叶肉,留下表皮。3 龄后分散,吐丝下垂,飘落他株。4 龄幼虫昼伏夜出,食量大,危害剧增。有假死性,受惊吓即落地。在数量发生多时,有成群迁移习性。幼虫老熟后入土,做椭圆形土室化蛹。

【发生条件】　甜菜夜蛾是一种喜温性的害虫。其各虫态耐高温能力很强,但抗寒力较弱。幼虫在 2℃ 以下,蛹在 -12℃ 下数日即死,因此,初冬和越冬期死亡较多,这一点直接影响春季成虫的发生数量和限制其分布区域。此虫在北方地区呈间歇性发生,而在南方地区已成为常发性害虫,幼虫皮肤上有蜡质,抗药力强,易产生抗药性。

【防治方法】

(1)深翻地 秋、冬季进行深翻地,消灭越冬蛹,减少春季成虫的发生量。

(2)黑光灯诱杀 结合其他害虫的防治,利用黑光灯诱杀甜菜夜蛾害虫。

(3)人工捕杀 卵块多产在叶片背面,上有白色鳞片,可用人工消灭。在初龄幼虫群集时,也可人工捕杀。

(4)清洁田园 春季除草,可消灭杂草上的低龄幼虫。

(5)药剂防治 在害虫发生初期,可用 20％灭幼脲 500～1 000倍液,或 50％辛硫磷 1 000～1 500 倍液,或毒死蜱 1 000 倍液,或 5％阿维菌素 4 000 倍液,或 10％吡虫啉 1 500～2 000 倍液等农药中的一种,或交替使用,以喷雾防治。

(七)茶黄螨

茶黄螨,又叫侧多食跗线螨。属株形纲,蜱螨目,跗线螨科。

【危害状况】 茶黄螨在国内广泛分布于华东、华中地区和西南各地,近年来危害地区逐渐扩大,在东北、华北以及北京等地,也普遍发生危害,给蔬菜,特别是保护地蔬菜带来极大的损失,必须认真加以防治。

茶黄螨食性极杂,寄主植物相当广泛,约有 30 个科 70 多种植物,主要有茄果类、瓜类、豆类、萝卜、根用芥菜、叶用甜菜、蕹菜和芹菜,以及棉花、茶、柑橘、烟草与多种花卉植物。在华北地区,以露地的茄子、保护地的黄瓜受害最严重。

茶黄螨以若螨和成螨刺吸植物的幼嫩部位,如新梢、嫩茎、嫩叶、花蕾及幼果等。芹菜受害后,嫩叶变小,叶片增厚僵直,叶背呈茶褐色油渍状,叶缘向背面卷曲,嫩茎受害,表面变成茶褐色。

茶黄螨的体形很小,肉眼不易发现,加上危害症状似病毒病,所以,常被误认为是病毒病,或由生理病害造成的。

【形态特征】

（1）雌　螨　体长 0.2 毫米左右，宽卵圆形，淡黄色或淡黄绿色，半透明，有足 4 对，足较短，第四对足纤细。

（2）雄　螨　体长约 0.18 毫米；体形近六角形，末端圆锥形，琥珀色，足较长而粗壮。

（3）卵　长约 0.1 毫米，长椭圆形，透明色乳白。

（4）幼　螨　椭圆形，淡绿色，腹部末端呈圆锥形，有足 3 对。

（5）若　螨　长椭圆形，静止不动，外被幼螨皮所包围，两端略尖。

【生活习性】　在华北地区，茶黄螨 1 年发生多代，在温室内继续繁殖并越冬；在露地叶用甜菜的根部，也有少量雌螨越冬。茶黄螨的世代历期很短，为 4～10 天。

在北京地区，在塑料大棚内一般是 5 月下旬开始发生，6 月下旬至 9 月中旬为盛期，10 月份以后气温逐渐下降，虫口数量也随之减少，露地蔬菜以 7～9 月份受害较重。

成螨较活跃，特别是雄螨的活动性更强，有携带雌若螨向植株上部幼嫩部分迁移的习性。雌若螨蜕皮变成螨，即与雄螨交配产卵，卵多散产在嫩叶背面及果实的凹陷处。初孵幼螨不大活动，常在其蜕下的卵壳附近取食，后活动力逐渐增强，变成成螨前停止取食，静止不动，即若螨阶段。

茶黄螨以两性繁殖为主，也能进行孤雌生殖，但所产的卵孵化率低，后代多为雄性。

【发生条件】　茶黄螨生长繁殖的最适温度为 16℃～23℃，相对湿度为 80％～90％。高温可使其寿命缩短和繁殖力降低。湿度对成螨的影响不大，相对湿度在 40％以上均可正常繁殖。卵和幼螨对湿度的要求较高，只能在相对湿度 80％以上时，才能正常孵化和生长。因此，温暖多湿的条件有利于发生。茶黄螨靠爬行和风力扩散蔓延，微风有利于传播。大雨对其有冲刷作用，可降低虫口密度。

【防治方法】

(1)清洁田园 及时清除田间及地头的杂草,特别是在晚秋和早春消除杂草,可减少虫源,同时,减少春季害虫食物寄主,有助于减轻危害。

(2)加强田间管理 增施肥料,合理灌水,加强田间管理,促进植株旺盛生长,提高抗虫力。

(3)及早防治 春季茶黄螨往往先在一小点或一小片发生,逐渐蔓延。因此,应及时检查,及早在点、片发生时彻底消灭之。

(4)加强越冬防治 温室和大棚是茶黄螨的主要越冬场所。在冬春季节一定要仔细检查并及时喷药,将它们消灭在温室内,以杜绝来年的虫源。

(5)药剂防治 可选用40%乐果乳油1 000倍液,或50%敌敌畏乳油800倍液,或20%哒螨灵3 000～4 000倍液,或50%啶虫脒2 500～3 000倍液,或25%噻虫嗪1克/667平方米,上述药物中一种,或交替使用,喷雾防治。

(八)温室白粉虱

温室白粉虱,属同翅目,粉虱科。

【危害状况】 温室白粉虱是一种世界性的大害虫,原产于美洲,从20世纪70年代起,在我国北方地区温室里发生危害。随着保护地生产的迅速发展,已成为温室、大棚内危害严重的害虫,对露地蔬菜也造成了威胁。

温室白粉虱的寄主范围很广,已知有65科265种。在蔬菜上有8科34种,主要是瓜类、茄果类、豆类、十字花科、葱蒜类、莴苣、芹菜等蔬菜。

温室白粉虱的成虫或若虫,群集于叶背,刺吸汁液,使叶片生长受阻变黄,影响正常生长发育。此外,还能分泌大量排泄物,堆积于叶片和果实上,往往引起煤污病的发生。严重时,影响叶片的光合作用和呼吸作用,造成叶片萎蔫,甚至枯死。温室白粉虱还能传染两种病毒病。

【形态特征】

(1)成　虫　体长 1.0～1.4 毫米,由淡黄色到白色,表面覆有白色蜡粉,雌、雄虫均有翅,翅雪白色。

(2)卵　长椭圆形,长 0.2～0.25 毫米。初产出时淡黄色,后逐渐变为黑褐色。卵有柄,产于叶片背面。

(3)若　虫　椭圆形,扁平,淡黄色或淡绿色,体表具长短不齐的蜡质丝状突起。3 龄幼虫,体长 0.52 毫米。

(4)蛹　长约 0.7～0.8 毫米,椭圆形,扁平,中央略高,黄褐色,体背具 5～8 对长短不齐的蜡丝。

【生活习性】　在进行芹菜保护地栽培时,温室白粉虱各虫态均可在保护地中越冬。越冬主要在绿色植物上,少数可在残株落叶上越冬。华北地区 1 年发生 9 代,其中温室内发生 3 代,露地发生 6 代。在保护地内越冬。在 7～9 月间危害严重,10 月下旬数量逐渐减少,并向温室转移。

成虫对黄色有强烈趋性,不善飞翔,扩散较慢。成虫喜聚集在嫩叶背面,并在嫩叶上产卵。雌虫有性繁殖时,可产雌虫,孤雌生殖时大多产雄虫。

若虫孵化后,在几小时至几天内有爬行能力,找到适当的取食场所后行固定生活。2 龄后足和触角全部退化。幼虫 3 龄,3 龄幼虫蜕皮即变蛹。

温室白粉虱在寄主上的分布有一定的规律。在植株最上部以初产的卵为多,稍下部叶片上是快孵化的黑色的卵,再往下是中老龄的若虫,最下部是蛹。

白粉虱的发育、成虫寿命和产卵期,均与温度有密切关系。成虫活动的最适温度为 25℃～30℃,在 40.5℃ 以上时,活动能力显著下降。卵的发育起点温度为 7.2℃,幼虫的抗寒力较弱,在 24℃的条件下,成虫期为 15～27 天,卵期为 7 天,幼虫期为 8 天,蛹期为 6 天。

【发生条件】 温室白粉虱发育速度快、代数多、自然死亡率低、繁殖力强、并可营孤雌生殖等特点,是种群数量迅速增长的基础,加上温室内的环境条件较稳定,天敌较少,所以虫量增加极为迅速。在 18℃～19℃的范围内,在黄瓜温室内经 1 代数量可增加 64.2 倍。

温室白粉虱通过秧苗定植时携带至大田,也可通过温室通风,成虫飞到田间。此外,农具、工作人员等也可携带成虫传播。

温室白粉虱的天敌,有中华草蛉、刻眼小毛瓢虫、小花蝽、蜘蛛及致病真菌等,但总的看来,天敌数量较少,对害虫的抑制作用较小。

【防治方法】

(1)**合理轮作** 在害虫发生严重的地方,温室的秋冬茬可栽培白粉虱不喜食的芹菜、油菜等低温作物,从而减少越冬虫源。

(2)**消灭越冬虫源** 在冬季严格检查温室大棚,发现白粉虱应彻底消灭之,以减少第二年的虫源。温室育苗,在定植前应仔细打药,保证用无虫苗栽到大田。温室内在栽培前后应用熏蒸法彻底消灭害虫,收获后应把带虫的残枝落叶集中烧毁。

(3)**防止害虫在温室大棚传播蔓延** 温室大棚的通风窗及进出口应用窗纱封闭,以防害虫外逃传播。

(4)**作物安排** 在温室大棚内避免多种蔬菜混作,以免加重害虫的危害和造成防治的困难。

(5)**黄板诱杀** 利用成虫趋黄色的特性,在田间插上黄板,上涂机油,以粘杀成虫。

(6)**生物防治** 目前有用丽蚜小蜂"黑蛹"、中华草蛉、小花蝽、赤座霉菌等天敌或真菌,来防治白粉虱危害的研究,均有一定效果。

(7)药剂防治　在温室内可用烟雾法防治温室白粉虱。用22%敌敌畏烟剂 0.5 千克/667 平方米,于傍晚在保护地内密闭熏烟,也可用烟雾机把二氯苯醚菊酯喷成烟雾密闭在温室内,以消灭害虫。一般可用喷雾法,常用的药剂有 20%甲氰菊酯乳油 2 000～3 000 倍液,40%乐果乳油 1 000 倍液,20%哒螨灵 3 000～4 000 倍液,50%啶虫脒 2 500～3 000 倍液,25%噻虫嗪 1 克/667 平方米,选用上述药物之一,或交替使用,进行喷雾防治。

(九)蚜　虫

【危害状况】　蚜虫分布最广,全世界都有分布,在我国国内几乎遍及各地。蚜虫在危害蔬菜时,以成虫或若虫群集在幼苗、嫩叶、嫩茎和近地面叶片上,以刺吸式口器吸食寄主的汁液。由于蚜虫的繁殖率高,危害密集,因而使芹菜叶严重失水和营养不良,造成叶面卷曲皱缩,叶色发黄,难以正常生长。蚜虫在外叶密集时,整个叶片由于失水发软,而瘫在地上。此外,蚜虫还是多种病毒的传播者,传毒所造成的危害远远大于蚜虫本身直接的危害。

【形态特征】

(1)有翅胎生雌蚜　体长约 2 毫米。头部及胸部黑色,腹部绿色、黄绿色、褐色以至赤褐色,背面有淡黑色的斑纹。触角基部有明显的额瘤,向内倾斜,复眼赤褐色。触角 6 节。仅在第三节上有次生感觉圈 9～11 个。腹管绿色,很长,中后部稍膨大,末端有明显的缢缩。尾片绿色而大,共有三对侧毛。

(2)无翅胎生雌蚜　体长 2 毫米,体绿色、橘红色或褐色。触角第三节无次生感觉圈,额瘤和腹管与有翅蚜相同。

【发生条件】　蚜虫的发育起点温度为 4.3℃,在 24℃时发育最快,高于 28℃则不利。温度自 9.9℃升到 25℃,其平均发育期由 24.5 天缩短到 8 天,每天平均产仔蚜量由 1.1 头增到 3.3 头,但寿命由 69 天减到 21 天。

由于暴雨的冲刷,还能降低虫害的程度。微风有利于蚜虫的扩散,但风速过大又限制了其发展。

在 1 年中,春季和秋季是蚜虫的大发生期。夏季发生却较少,主要是夏季多雨冲刷,高温不适,食物缺乏,天敌较多,活动频繁等原因所致。

蚜虫的天敌很多,在一定程度上影响其发生,作用较大的捕食性天敌有六斑月瓢虫、七星瓢虫、横斑瓢虫、双带盘瓢虫、十三星瓢虫、大绿食蚜蝇、食蚜瘿蚊、普通草蛉、大草蛉、小花蝽等,寄生性天敌有蚜茧蜂,微生物天敌有蚜霉菌等。

【防治方法】

(1)选用抗虫品种 不同的品种有不同的抗虫力。生产中要选择抗蚜虫力强的芹菜品种。

(2)清洁田园 及时多次地清除田间杂草,尤其是在初春和秋末除草,可消灭很多虫源。生长期及时拔除虫较多的苗,以减少虫口数量。

(3)利用天敌 蚜虫的天敌很多,应保护利用,在用药剂防治病虫害时,应采用尽量少伤害天敌的药物。

(4)纱网育苗 利用有纱网的保护设施进行芹菜栽培,可阻挡蚜虫侵入其内为危害。

(5)消灭越冬虫源 对越冬菠菜、十字花科的留种株、桃树等蚜虫越冬的场所,在春季蚜虫尚未迁移的时候,用较强的药剂进行防治,减少当年的虫源。在保护地生产发达的地区,一定要及时消灭内部的蚜虫,防止越冬蚜虫迁入大田。

(6)适期早播 适当提早播种,使受害期在植株长大以后,可减轻蚜虫的危害程度。

(7)银灰膜驱避 蚜虫对银灰色有负趋性,在蔬菜生长季节,可在田间张挂银灰色塑料条,或插银灰色支架,或铺银灰色地膜等,均可减少蚜虫的危害。

(8)黄油板粘蚜　利用蚜虫对黄色有强烈趋性的特点,可在田间插上一些高 60～80 厘米、宽 20 厘米的木板,上涂黄油,以粘杀蚜虫。

(9)药剂防治　目前蚜虫的防治主要是药剂防治,在药剂防治中,应本着早防的原则。常用的药物有 40％乐果乳油 1 000 倍液,50％敌敌畏乳油 800 倍液,50％啶虫脒 2 500～3 000 倍液,25％噻虫嗪 1 克/667 平方米,10％吡虫啉 1 500～2 000 倍液,5％阿维菌素 4 000 倍液。上述农药可施用其中之一,或交替喷雾使用。

第六章　芹菜贮藏保鲜与运输

一、芹菜贮藏中造成损失的原因及预防措施

在华北地区,芹菜冬季栽培需要大量的保护设施,成本高,费劳力。为了解决芹菜冬季供应问题,在夏、秋露地种植,秋末收获后贮藏至冬季上市,是一种经济效益高、成本又低的方法,这种方法在华北地区大量应用。芹菜在冬季贮藏中,正确的管理技术,是取得少损失、高品质、高效益的好办法。在贮藏中,芹菜遭受损失主要有如下几个原因:

(一)受到损伤

芹菜是一种幼嫩蔬菜,在人工收获时,很易造成人为的机械损伤。收获前和贮藏中,一些昆虫的蛀食和老鼠的啃食,也往往造成很多伤口。这些伤口直接损坏了芹菜的外观品质,也给病菌的侵入提供了条件。如果在贮藏中环境条件适宜,就会导致大量的微生物侵入而出现腐烂变质。所以,在收获前应及早进行病虫防治。收获时和运输贮藏过程中,应小心谨慎,尽量减少机械损伤。要消灭贮藏环境中的鼠害,以防老鼠啃食。

(二)温度不当

在芹菜贮藏期间,温度是很关键的条件。秋末冬初收获贮藏的前期,很易形成高温。高温形成的原因有三个方面:一是收获后的芹菜本身体温较高,未及散尽就集中存在贮藏窖中,这些热量的

聚集形成了高温。二是外界温度较高时，强烈的日光等外界热量传入贮藏窖中。三是收获后的芹菜，难免有机械伤口。这些伤口在贮藏前期有个愈伤过程。在这一过程中呼吸作用旺盛，释放出的热量很多。在贮藏窖中，这些热量如不及时排出，在贮藏环境中很易造成高温。

　　在高温条件下，芹菜的呼吸作用显著增强，消耗的营养物质大大增加，导致芹菜品质下降。高温也会使芹菜的蒸腾作用旺盛。在贮藏条件下芹菜的根系已受到损伤，吸收功能减弱，芹菜植株会由于水分供应不足而失水萎蔫。萎蔫本身就降低了食用价值，而且萎蔫还会减弱芹菜的抗病能力。过度的失水，会使叶片和植株变黄而死亡，高温又为病菌的猖狂活动提供了有利条件。所以，高温环境加快了芹菜的腐败与变质。芹菜在贮藏期适宜的温度是0℃左右，如果高于10℃，就会出现上述症状。在贮藏芹菜时，早期应想尽一切方法通风降温，防止产生高温。

　　在冬季严寒季节，芹菜的贮藏环境有时会长时间处于低于−3℃的温度环境。短时间处在−3℃的低温下，可以通过缓慢化冻，而使芹菜回复。如果长时间处在这么低的温度中，或者经常冻融交替，就可能出现冻害。受到冻害的芹菜，最初的表现是叶片和叶柄呈现水渍状，继而失水，干枯，失去食用价值。在冬季贮藏中，冻害是经常发生的。常用的防止方法是增加保温覆盖物的厚度，在温度稍高的日子里，让芹菜见光，以提高一点温度。

（三）湿度不适

　　湿度分为土壤湿度和空气湿度两部分。芹菜在贮藏期一定要保持较高的土壤湿度，以见湿不见干，但又不积水为宜。土壤积水，会引起根系窒息，进而引起整株致死。土壤干旱会引起芹菜萎蔫，从而降低芹菜品质和抗病能力。贮藏环境的空气湿度应保持在相对湿度90%以上，以减少蒸腾，防止萎蔫。

（四）缺少光照

芹菜在冬季贮藏，是整株活体贮存，必须保持其新陈代谢活动的正常进行，微弱光也可以，但绝不能无光，因此光照是必不可缺的条件。如果长时期不见日光，芹菜叶中的叶绿素就会黄化，降低商品价值。在贮藏期间，应定期使芹菜叶片见光，保持绿色不褪。如果用冻藏法，叶片在－2℃～－3℃的冷冻条件下，叶绿素基本停止活动时，长时间不见光，叶片仍能保持绿色。

二、芹菜贮藏保鲜方法

（一）阳畦假植贮藏

在华北冬季不十分寒冷的地区适用于此法。在土壤封冻前建成风障阳畦，阳畦的南北墙均加高至 60～80 厘米，墙高随芹菜的高度而定，以稍高于芹菜植株为准。在 11 月中下旬，土壤封冻之前，收刨植株较矮、生长不足的晚秋芹菜作阳畦假植贮藏。这些晚秋芹菜一般是 8 月份播种育苗后定植而尚未完全达到收获标准的芹菜。收刨后，淘汰其病、残、伤、弱植株，摘除黄叶、病叶，按大小分成两级，假植于阳畦内。假植时每 3～4 株作 1 墩，墩距 10～14 厘米，小株栽于温度条件较高的畦北部，大株栽于南部。栽植深度以不埋心叶为度。栽后立即浇水。栽植过程中要尽量减少机械损伤，保持植株完整。栽植后，夜间畦内气温在－2℃以上时，可不加覆盖。随着温度的逐渐降低，先盖上塑料薄膜，然后加盖草苫，保持畦内 0℃～5℃的温度条件。在严寒季节，以保持芹菜不受冻害为度，同时也应防止温度过高而引起叶片发黄。每天应揭开草苫，让芹菜叶片见光，使芹菜处于微弱的生命活动中，缓慢生长，保持叶片翠绿和叶柄鲜嫩。利用此法，所贮藏的芹菜在整个冬季都可陆续上市。

（二）沟　藏

　　芹菜沟藏法适用于华北中南部冬季不十分寒冷的地区。贮藏沟深 50～60 厘米，宽 40～50 厘米，长 20～30 米。沟的南坡为呈 45°角的斜坡。很多蔬菜产区，贮藏沟就利用建风障时挖出的培土沟，稍微加深即成。沟体不宜太宽。如果太宽，贮存芹菜过厚，则易生热腐烂。沟藏芹菜一般是在 6 月下旬至 7 月中旬播种，到 11 月上中旬基本长成，于 11 月中下旬土壤夜冻日消时刨出。刨时尽量注意不要造成过多的机械损伤。收后剔除病、残、弱株，去掉黄叶、病叶。然后按每 3～4 千克 1 捆，在中上部和中下部各捆一道草绳，并且扎牢。贮存时，使芹菜根向下，密排入沟，顶部斜向南。排好后，用湿土稍覆盖根部。开始几天，以散热降温为主。随着外界气温逐渐下降，而在根部、茎部陆续覆湿润土。在 12 月上中旬，土地全部封冻时，根部覆土 40～50 厘米厚，顶部菜叶覆土 2～3 厘米厚。保持根部温度在 0℃～5℃，叶部为 -2℃ 左右。在这种温度条件下，下部维持生命，但不让其生长，上部冻结，但又不致冻死。这种贮藏方法的关键是温度调节。初期务必防止高温烂菜，后期应防止冻害，所以应经常进行检查。冬季上市前，将芹菜从沟中挖出，放在空闲的屋内，在 10℃ 左右的温度条件下，缓慢化冻，进行"醒菜"，1～2 天后即可恢复鲜嫩状态。

（三）冷冻窖藏

　　冷冻窖藏，是临时性的集中贮藏方法。这种贮藏方法是利用冬季的低温，不需要其他能源，而使芹菜叶部处于 -3℃ 的冻结状态，根部保持 1℃ 的低温状态。在这种环境中，叶部基本停止呼吸作用，减少了水分蒸发。根部仍维持轻微的代谢，保持着生命，芹菜活着而又不消耗营养。一旦给予适当条件，芹菜又可恢复鲜嫩、

浓香的最佳状态。这种贮藏芹菜的窖,建造简单,节省能源,成本低,贮量大,效果好,在山东地区大量应用。其具体操作方法如下:

1. 品种选择

适于秋、冬季贮藏的芹菜,以耐贮藏的、经贮藏后品质能改善的品种为佳。目前栽培的秋冬品种中,以实秸品种较优。因实秸品种的耐贮性强于空秸品种,而且冬季消费者喜食实秸芹菜。其次,是半空半实秸芹菜。常用的品种有天津青苗实秸、黄苗实秸、潍坊青苗和美国芹菜等。

2. 建 窖

为了减少运输的麻烦,芹菜贮藏窖应建在芹菜种植田附近地势高燥、空气流通、便于贮运和管理的地方。贮藏窖为地上式,东西向。贮藏窖由遮阳障、围墙、通风系统、窖底垫层四部分组成。

(1)遮阳障 建窖时,首先设立遮阳障。遮阳障一般用高粱秸、玉米秸或竹竿加草帘等材料设置。遮阳障高 2 米左右,直立或稍向北倾斜。遮阳障应绑扎牢固,以防被风刮倒。其作用是阻挡阳光直射窖面,以降低窖内温度。

(2)建窖墙 立好遮阳障后,即在其北面用夹板填土夯实,建成土围墙。围墙分南北墙和东西墙。为便于芹菜入窖,东西墙仅建其中的一堵。墙高 1 米,厚 0.4～0.5 米,北墙可稍厚些,南北墙间距 2 米。4 堵墙联成一体,构成贮藏窖。贮藏窖的长度可根据贮藏数量、建窖地方的大小及方便管理而定。一般长 20 米的窖,可贮存芹菜 5 000 千克左右。

(3)建通风系统 筑南墙时,在墙的中心每隔 70 厘米竖放 1 根直径为 15 厘米左右的木杆。墙打好后拔出木杆,使南墙中央成 1 排上下垂直的通风筒。在每个通风筒的底部通过窖底挖通风沟;沟为南北方向,深宽均为 30 厘米,间距 70 厘米。然后在北墙底部挖成 30 厘米见方的进风口,使窖内的通风沟南端接通风筒的底部,并与其相通,北端接通北墙底部的进风口。这样就建成了由通风筒、通风沟、进风口联成一体的通风系统。通风系统的作用是通风换气,带走窖内热量,降低窖温。

(4)铺设窖底垫层　通风系统建成后,按东西方向在沟上密铺两层高粱秸、玉米秸或小竹竿,密度以不漏土为宜,并在其上铺一层 3～4 厘米厚的湿润细土,整平后即可将芹菜入窖。

3. 预　贮

在山东,冻藏用的芹菜于 6 月下旬至 7 月上旬育苗,8 月中下旬定植,在 11 月中下旬基本长成。应适时收获。收早了气温偏高,会影响产量,也不能及时入窖,易高温烂菜;收晚了易受冻害,难于贮存。一般在 11 月下旬,气温下降到 −2℃～−3℃前,要抓紧抢收,防止冻窖。收获时,应连根挖出,轻拿轻放,切勿损伤叶柄。芹菜收获后,气温偏高,且不稳定,芹菜本身带的田间热量也未充分散发,因此,在入窖前要进行预冷贮存。即把收获的芹菜直立堆放在深 0.3 米、宽 2 米、长度不限的浅沟里,四周和顶部培一层湿润的细土,厚 4～5 厘米,顶部也可盖草苫,以防霜冻和失水萎蔫。待田间热量充分散失后,气温稳定在 0℃时,即可起出入窖。

4. 入　窖

入窖的芹菜要经过严格挑选和整理,剔出病、残、伤、冻株,摘除黄叶、烂叶和伤叶。选高矮基本一致的植株,每 7～10 千克捆成一捆。捆两道腰,上道腰捆在叶片的下部,下道腰捆在根的上部,捆时注意勿伤叶柄。把捆好的芹菜从窖东部或西部有墙的一头开始,斜靠窖墙放置,南北成行排列,再一排一排地向后排列。后一排的芹菜叶压在前一排芹菜叶下的捆绳处。依次排满窖以后,再建墙堵好。芹菜的顶部先盖一层入窖前剔下的黄叶、伤叶(勿放烂叶)及黄叶柄,然后再盖 4 厘米厚的湿润土,盖严盖匀,不露叶子,使覆土后的窖面呈自然的垄形。

5. 入窖后的管理

芹菜入窖初期,气温仍较高,应采取降温措施。白天在窖面上盖一层草苫,晚上揭开,铺在北墙外。第二天早晨在太阳升起之前,将草苫翻过来,使带霜的一面朝下,再盖在窖上。每天这样早上盖草苫防日晒,保持窖内冷凉;晚上揭去草苫,利用夜间低温降低窖内温度。随着气温的逐渐下降,当芹菜开始结冻时,再覆5厘米厚的细湿土。至12月上旬,当平均气温下降到−2℃左右,冻土层加深时,在窖面上再盖15厘米厚的土,使窖面的垄形变平。每次覆土注意不要踏压窖面,防止损伤芹菜。这时气温变低,应根据天气变化情况灵活进行揭盖草苫,以降温或保温。当气温下降到−10℃以下时,要在窖上盖一层稻草,同时用草将通风口堵严,不使窖内温度继续下降和芹菜继续冻结。天气转暖后,要及时打开通风口降温。在整个贮藏期,要经常用温度表检查窖内温度,保持芹菜叶部温度在−2℃~−3℃,根部保持在0℃左右。温度适宜是冻藏芹菜成败的关键。温度过低,根部失去生命力,就不能再恢复成鲜嫩状态;温度过高,芹菜易腐烂或老化;而时冻时化,则易使芹菜细胞失水而枯黄。在贮藏期,如果遇到雨天,则要盖好草苫等,防止雨水漏入窖内;下雪后,应及时扫去窖面积雪,防止雪化后水分渗入窖内;若遇到寒流,则要及时盖好草苫,以防芹菜冻坏。

6. 醒 菜

芹菜贮藏期间,可根据市场需要,随时起窖上市。上市前,必须使冻结状态的芹菜解冻,这一过程称为"醒菜"。醒菜是一个缓慢的过程,需经4天以上的时间和适宜的温度。醒菜时,芹菜所处的环境温度不能过高,也不能过低。温度过高(高于15℃)解冻速度快,芹菜失水严重,醒好的芹菜呈萎蔫状态;温度过低(低于3℃)醒菜速度太慢,或已解冻的芹菜又冻结,起不到醒菜的作用,不能尽快上市。具体方法有以下三种:

(1)室内醒芹法 将芹菜从贮藏窖内取出,轻拿轻放,运到已备好的大地窖、地下室或塑料棚内,竖排在一起或平放在地上。芹菜上面盖塑料薄膜和湿麻袋片,防止芹菜失水萎蔫。醒菜期间,使室内温度从 2℃～3℃,缓慢上升到 13℃～15℃,如天气太冷,可适当加温。但加温时温度不能上升太快、太高。一般经 4～5 天就可以解冻,恢复新鲜状态。

(2)阳畦醒芹法　醒菜前先建一道风障,在风障前挖一条宽 1.0～1.5 米、深 0.3～0.4 米、长度不限的沟。将芹菜从贮藏窖起出后,平放(或稍倾斜)在沟内,放满后用湿润土盖严,使芹菜不外露。芹菜在沟内即可缓慢解冻。如果天气冷,沟上还可盖一层塑料薄膜。醒菜期间,每天晚上沟面上都要盖上草苫,白天揭去,以防再冻。经过 4～6 天,即能醒菜。

(3)原窖醒芹法　上市前若气温较高,可将窖南遮阳障拆除。如温度较低时,可把遮阳障移到窖北面,成为风障,这样使阳光直射窖面,用太阳热使土层和芹菜缓慢解冻。醒菜期间,每天下午把解冻的覆土铲去。晚间在窖顶部加盖草苫保温,白天揭去接受阳光照晒解冻。最后保持 3～5 厘米厚的覆土不再除去。这样,经过 7～10 天,就能使芹菜醒好。

前两种醒菜方法,每次醒芹数量少,适于分批醒芹,陆续上市。最后一种醒芹方法,较简便,醒芹数量大,适于大量上市,但需要时间较长,而且必须气温较温暖时方可使用。醒芹后期,每天要扒开覆土或草苫进行观察,当芹菜恢复新鲜状态,霜冻结晶解除,叶片叶柄不再僵硬时,即已醒好,可以上市。

三、芹菜短期贮存

在冬季,芹菜由南方运到北方,由蔬菜产区运到城市,再销售到消费者手中之前,必须有一个短期的贮存过程,一般 3～5 天。这一过程虽短,但对保持芹菜的商品品质却至关重要。稍有不慎,轻则使芹菜失水萎蔫,重则腐烂变质,或冻伤失去食用价值。因此,正确掌握芹菜冬季短期贮存的技术是十分必要的。

芹菜短期贮存的关键环节,是掌握温度和湿度条件。在运输到达目的地后,大量的芹菜往往堆放在露天中。如遇寒流,夜间处在$-5℃\sim-10℃$的低温中,难免造成冻伤。大量的芹菜垛放在一起,垛中间积热难以散失,温度过高,加上机械损伤严重,因而很容易大量腐烂。更常见的是夜冻日消,数日后芹菜即失水变黄,不能食用。所以,在短期贮存芹菜时,一定注意保持适宜的温度。通常应保持$0℃\sim5℃$的恒温。这一条件在恒温库中很容易满足。所以,芹菜放在恒温库中短期贮存是保险的。如在露地保存,在夜间应加盖草苫保温防冻,白天应设法遮荫防晒。芹菜堆放不能太厚,以利于散热。

在短期贮存中,芹菜的叶片蒸腾量很大,根系损伤较大,吸收功能大大削弱,而且又没有足够的水分供给根系吸收。因此,植株失水过多,萎蔫干枯是经常发生的现象。为防止芹菜遭受损失,最好用浸湿透的草袋将芹菜整株全部包好,也可用塑料袋将芹菜全株包装好。包装前,在芹菜上喷洒少许清水,保持塑料袋内的空气相对湿度在$95\%\sim100\%$。如果没有上述条件,在垛放芹菜堆的外表应覆盖草苫,芹菜上要经常喷水,保持芹菜处在较高的空气湿度环境中,以减少蒸腾失水。

保持芹菜有较好的商品价值,减少损失的最好方法,就是尽量缩短贮存时间。由生产地到达消费者手中,所经过的中间环节越少,所用的时间越短,芹菜的品质就越好,其他损失也越少。

四、芹菜包装和运输

芹菜作为商品,在运输前应有合适的包装物。在20世纪70年代以前,我国在运输芹菜时,基本不用包装物,通常用草绳将芹菜捆成大捆,直接堆放在汽车或火车上。那种运输方法,其损伤率一般在50%以上。表面上好像节省了包装费用,实际上所浪费掉芹菜的价值,大大超过了包装用费。目前,芹菜在长途运输中一般都用包装物进行包装。

在包装前,一定要使芹菜本身有适宜的温度。芹菜本身的温度如在10℃以上,则不适宜于包装。因为芹菜包装后,热量不易散失,会引起腐烂变质。当然,冻结的芹菜也不宜包装。最适于包装芹菜的体温是0℃～5℃。如温度过高,应放在通风阴凉处降温。包装芹菜的环境温度,也应在0℃～5℃之间。

通常使用的包装物有以下几种:

(一)竹　筐

竹筐是南方常用的运输芹菜的包装容器。它的来源较多,也很坚固,又不怕潮湿,因而是较理想的包装物。在放入芹菜之前,应先在筐底铺上碎草,将芹菜根部朝下竖放在其中,并在芹菜周围和顶部也覆以碎草,最后喷洒清水。这种包装物既可保证芹菜有合适的湿度,又可防止机械损伤。

(二)纸　箱

目前,在芹菜运输中,开始应用纸箱包装。纸箱重量轻、可折叠,弹性好,便于装卸,具有缓冲性,能较好地防止芹菜的机械损失。纸箱造价较高,不耐潮湿,是其缺点。由于芹菜本身含水量较高,水分蒸发浸渍了纸箱,使纸箱吸水变软,失去抗压性能。纸箱在运输和贮存过程中,还应避免雨雪淋湿,更不能在里面喷水增加芹菜湿度。为此,芹菜用纸箱包装时,应先用塑料袋包好,再放入纸箱内。

(三)草　袋

草袋多用稻草编结而成。先用水把草袋浸渍后,再把芹菜整株装入其中。草袋作为包装物,价格低廉,来源广,容易保持芹菜的湿度环境,所以应用较普遍。但是草袋的机械支撑力较小,芹菜易受损伤是其缺点。

(四)塑料袋

用塑料袋包装芹菜,因其价格低廉,容易保持湿度,因而应用广泛。但它也使芹菜易受机械损伤。目前,塑料袋包装和纸箱包装结合在一起,可有效消除两者的缺点,是较佳的包装方式。

芹菜由产地到消费地,有一个运输过程。运输常用的工具是拖拉机、汽车与火车。在运输中,应注意保持适宜的温度,既不要使芹菜遭受冻害,又不要使温度过高。运输时,如气温过高,就应在夜间、凉爽时运输。如果气温过低,则应在包装覆盖好的前提下,利用白天运输。在运输中间,还应及时喷水,保持芹菜有充足的湿度。目前,用保温车、恒温车运输芹菜尚不现实,而最好的办法就是快装快运,减少芹菜在路途中的损失。

五、芹菜运输实例

(一)由山东省运至上海市

从山东省中部地区,把夏季栽培芹菜运至上海销售。其运输方法是:7~9月份,在傍晚6~8时刨收芹菜;翌日早晨5~6时装车,以保持芹菜较低的体温。装载量为,10吨的汽车可装8~10吨芹菜。芹菜每10~20千克一捆,用草绳捆两道,平放入车厢内,垛高1米。芹菜装好后,上面放4块大冰块,再在冰块上覆篷布盖严。6时开车出发,沿途换司机不停车,直接运往上海。约夜间10~12时,到达上海蔬菜批发市场,历时16~18小时。次日,凌晨1~2时批发销售,3时结束,清晨返回。

上述运输过程的每个环节,必需严格遵守,否则会因温度高而腐烂。如路途中贻误时间，不能在次日凌晨 1～2 时销售，则需在批发市场停放 1 天，就易造成腐烂损失。

近年来的价格是，山东收购价为每 500 克为 0.2～0.3 元，上海批发价为每 500 克为 0.8～1.0 元。每运销 10 吨芹菜，可获纯利 4 000～5 000 元。

（二）由安徽省南部运至广州市

芹菜采收后洗净，装入纸箱，入低温库预冷至 0℃～3℃。清晨 5～6 时装车，上覆篷布。6 时出发，沿途换司机不停车，约经 36 小时，抵达广州上市。

金盾版图书,科学实用,
通俗易懂,物美价廉,欢迎选购

以上图书由全国各地新华书店经销。凡向本社邮购图书或音像制品,可通过邮局汇款,在汇单"附言"栏填写所购书目,邮购图书均可享受9折优惠。购书30元(按打折后实款计算)以上的免收邮挂费,购书不足30元的按邮局资费标准收取3元挂号费,邮寄费由我社承担。邮购地址:北京市丰台区晓月中路29号,邮政编码:100072,联系人:金友,电话:(010)83210681、83210682、83219215、83219217(传真)。